职业院校工学结合一体化课程改革特色教材

零 件 测 绘

主 编　康建青　苟凤元

副主编　薛兰格　刘　杨

参　编　冯素娟　李　苗

　　　　郭　霞　腰如意　杨四学

机 械 工 业 出 版 社

本书是根据国家职业技能人才的培养目标与模式对课程内容的要求,参照最新的国家职业技能标准进行编写的。本书与其他机械零件测绘用书相比,更注重实用性,注重学生实际操作能力的培养,以够用为度增加实践性教学内容和环境,重点突出测绘技能的养成。本书在教材内容的编排上采用任务驱动的形式,让学生自主学习,将理论知识充分融入到实际操作当中,充分体现了工学合一、理实一体化的教学理念。

本书以高级技能人才培养要求为纲领,以相对独立的学习任务为主线,内容设置上充分考虑了职业类学生对实际应用的需求,按照从简单到复杂的顺序依次编排。本书通过不同的学习任务,以典型机械零件为例,介绍了标准件、轴类、齿轮类、端盖类、叉架类、箱体类零件以及典型装配体的测绘方法和过程。每种典型零件都按照统一的测绘步骤进行任务分解,层层递进,使学生在"学中做,做中学"过程中,培养学习兴趣,掌握零件的测绘方法。

本书以实用为主,够用为度,突出能力培养,可作为职业院校机械类专业教材,也可作为对机械零件测绘感兴趣的各类人员的参考用书。

本教材配有电子教案,凡使用本书作为教材的教师可登录机械工业出版社教育服务网(http://www.cmpedu.com)下载,或发送电子邮件至 cmpgaozhi@sina.com 索取。咨询电话:010-88379375。

图书在版编目(CIP)数据

零件测绘/康建青,苟凤元主编. —北京:机械工业出版社,2015.2
(2024.8 重印)
职业院校工学结合一体化课程改革特色教材
ISBN 978-7-111-47862-1

Ⅰ. ①零… Ⅱ. ①康… ②苟… Ⅲ. ①机械元件—测绘 Ⅳ. ①HT13

中国版本图书馆 CIP 数据核字(2014)第 196861 号

机械工业出版社(北京市百万庄大街 22 号 邮政编码 100037)
策划编辑:崔占军 赵志鹏 责任编辑:赵志鹏
责任校对:张 薇 封面设计:鞠 杨
责任印制:常天培

北京机工印刷厂有限公司印刷

2024 年 8 月第 1 版第 10 次印刷
184mm×260mm・5.5 印张・115 千字
标准书号:ISBN 978-7-111-47862-1
定价:17.00 元

序

　　课程建设是教学改革的重要载体，我院按照一体化课程的开发路径，通过企业调研，专家访谈，提取典型工作任务，构建了以综合职业能力培养为目标，以学习领域课程为载体，以专业群为基础的"校企合作、产教结合、工学合一"的人才培养模式。完成本套基于工作过程为导向的工学结合教材编写，有力地推动了一体化课程教学的改革，实现了立体化教学。

　　本套教材一体化特色鲜明，概括为课程开发遵循职业成长规律、课程设计实现学习者向技能工作者的转变、教学过程提升学生的综合职业能力。

　　一是课程开发及学习任务的安排顺序遵循职业人才成长规律和职业教育规律，实现从"完成简单工作任务到完成复杂工作任务"的能力提升过程；融合企业的实际生产，遵循行动导向原则实施教学；建立以过程控制为基本特征的质量控制及评价体系。

　　二是依据企业实际产品来设计开发学习任务，展现了生产企业从产品设计、工艺设计、生产管理、产品制造到安装维护的完整生产流程。这样的学习模式具备十分丰富的企业内涵，学习内容和企业生产比较贴近，能够让学生了解企业生产岗位具体工作内容及要求，不仅能使学生的专业知识丰富，而且能提升学生对企业生产岗位的适应能力，使学生在学习中体验完整的工作过程，实现从学习者向技能型工作者的转变。

　　三是在教学方法上，通过采用角色扮演、案例教学、情境教学等行动导向教学法，学生培养了自主学习的能力，加强了团队协作的精神，培养了分析问题和解决问题的能力，激发了潜能和创新能力，学会了与人沟通、与人交流，提升了综合职业能力。

　　综上所述，一体化课程贯彻"工作过程导向"的设计思路，在教学理念上坚持理实一体化的原则，注重学生基本职业技能与职业素养的培养，将岗位素质教育和技能培养有机地结合。教材在内容的组织上，将专业理论知识融入到每一个具体的学习任务中，通过任务的驱动，提高学生主动学习的积极性；在注重专业能力培养的同时，将工作过程中所涉及的团队协作关系、劳动组织关系以及工作任务的接受、资料的查询获取、任务方案的计划、工作结果的检查评估等社会能力和方法的培养也融入教材中。总之，一体化课程是一个职业院校学生走向职场，成为一个合格的职业人，成为有责任心和社会感的社会人，所经历的完整的"一体化"学习进程。

　　邢台技师学院实施一体化教学改革以来，取得明显成效，本套教材在我院相关专业进行了试用，使用效果较好。希望通过本套教材的出版，能与全国职业院校进行互动和交流，同时也恳请专家和同行给予批评指正。

邢台技师学院院长　　荀凤元

前　言

本书针对中职学生特点，参照我国中职学校学生职业标准，按照省人力资源和社会保障厅的一体化教学要求，以任务引领教学，注重简洁、实用，力求符合现代学生的特点，可作为中职院校学生的教材，也可作为自学人员学习的参考资料。

本书在编写时，秉持"能力本位、就业导向"的教育理念，以专业技能培养为主线，以综合素质提升为核心，以行动导向为主要模式，注重提高学生就业能力和职业素养。这种教学内容和模式更有利于培养学生的职业能力。本书依据作者多年的教学经验，采用工作过程导向案例教学，打破以知识传授为主要特征的传统学科课程模式，对课程内容进行序化改造，使其转变为以工作任务为中心的课程内容，并让学生在完成具体项目的过程中学会完成相应工作任务，并构建相关理论知识，发展职业能力，切实提高人才培养的质量。

本课程学习时间为 60 学时（参考）。课程以典型零件为线索来进行设计，在课程设计中注重理论知识学习与实践技能训练整合、专业能力培养与职业素质培养整合、工作过程与学生认知心理过程整合。通过本课程的学习，学生能够正确使用绘图工具、技术测量工具、拆卸工具；具有查阅机械手册、机械制图国家标准等资料的能力；具有空间想象力和空间构思的能力；具有识读和绘制机械图样的能力。本课程除了培养学生的专业能力以外，还培养了学生的社会能力及解决问题的方法的能力。

本书由邢台技师学院康建青、荀凤元任主编，薛兰格、刘杨任副主编。参加本书编写的还有邢台技师学院李苗、冯素娟等，具体编写分工如下：项目一、项目八由康建青编写，项目二至项目四由李苗、冯素娟编写，项目五至项目七由薛兰格、冯素娟编写。荀凤元对本书进行了统稿。刘杨、郭霞、腰如意、杨四学参与了本书资料的收集与整理工作。

由于时间仓促，编者水平所限及本书带有一定的探索性，因此本书难免存在纰漏，恳请读者和专家批评指正。

编　者

目　　录

项目一　键与销的测绘

任务一　测绘的步骤及方法

测绘就是根据实物，通过测量，绘制出实物图样的过程。

测绘与设计不同，测绘是先有实物，再画出图样，而设计一般是先有图样后有实物。如果把设计工作看成是构思实物的过程，则测绘工作可以说是一个认识实物和再现实物的过程。

一、零件测绘的种类

零件测绘可分为设计测绘、机修测绘和仿制测绘 3 类。

设计测绘——测绘为了设计。根据需要对原有设备的零件进行更新改造，这些测绘多是从设计新产品或更新原有产品的角度进行的。

机修测绘——测绘为了修配。零件损坏，又无图样和资料可查，需要对损坏零件进行测绘。

仿制测绘——测绘为了仿制。为了学习先进，取长补短，常需要对先进的产品进行测绘，制造出更好的产品。

二、测绘的步骤

1．了解和分析测绘的零件

首先应了解零件的名称、用途、材料、工作位置、主要加工方法及与其他零件之间的装配关系等，然后对零件进行结构分析和形体分析。

2．确定零件的视图表达方案

根据对零件的形体分析，按视图选择原则，先确定主视图——最能反映零件形状特征的视图，再根据零件的复杂程度选取必要的其他视图和适当的表达方法，完整、清晰、简便地表示出零件的内外结构形状。

注意事项：

1）对于同一个零件，所选择的表达方案可有所不同，但必须以视图表达清晰和看图方便为前提来选择一组图形。

2）选用视图、剖视图和断面图应统一考虑，内外兼顾。同一视图中，若出现投影重叠，可根据需要选用几个图形（如视图、剖视图或断面图）分别表达不同层次的结构形状。

3．画零件草图

画零件草图的基本要求是：目测比例，徒手绘制。也就是说，画草图可以不按国标规定的比例来画，但画图时必须正确目测实物的形状和大小，大体上把握各个形体之间的比例关系。目测时，应按先整体后局部，再由局部返回整体的顺序对零件进行观测、比较，从而估计出零件上各个形体之间的大致比例。

画零件草图的步骤：

1）确定绘图比例并定位布局：根据零件大小、视图数量、现有图纸大小，确定适当的比例。粗略确定各视图应占的图纸面积，在图纸上作出主要视图的作图基准线、中心线。注意留出标注尺寸和画其他补充视图的地方，如图 1-1 所示。

2）详细画出零件内外结构和形状，检查、加深有关图线，注意各部分结构之间的比例应协调，如图 1-2 所示。

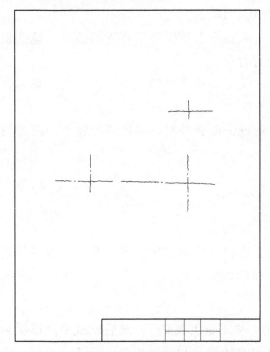

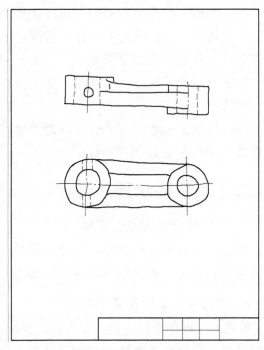

图 1-1　布图（画中心线及主要基准线）　　图 1-2　画各图的主要部分

3）将应该标注的尺寸的尺寸界线、尺寸线全部画出，然后集中测量、注写各个尺寸。注意不要遗漏、重复或注错尺寸，如图 1-3 所示。

4）注写技术要求，确定表面粗糙度，确定零件的材料、尺寸公差、几何公差及热处理等要求。

5）最后检查、修改全图并填写标题栏，完成草图，如图 1-4 所示。

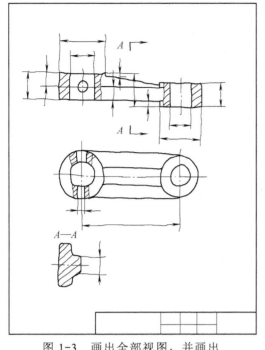

图 1-3　画出全部视图，并画出
尺寸界线、尺寸线

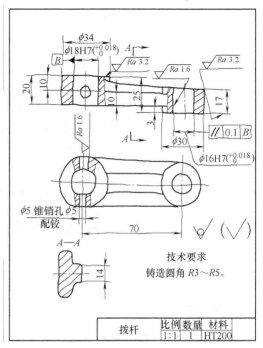

图 1-4　标注尺寸和技术要求，
填写标题栏并检查全图

注意：

　　零件草图不是潦草的图，它是绘制零件图和装配图的依据，应认真细致地绘制。零件草图必须包括正规零件图要求的全部内容，除比例一项外，其余均应遵守国标规定。合格的零件草图应该表达完整、比例匀称、线型分明、字体工整。

　　零件草图可以在方格纸上绘制，画图时，应尽量利用方格纸上的线条来画图形的对称线、圆的中心线及主要轮廓线，图线长短可由方格数来控制。草图纸一般不固定在图板上，以便于画图时图纸在图板上转动或移动。

　　4．绘制零件工作图

　　零件草图是在现场绘制的，表达不一定完善、合理。因此，在整理零件工作图时，需要进一步对零件草图进行审查和校核。重点检查投影关系是否正确、表达是否完整、尺寸有无漏标或多标（如定位尺寸等）、尺寸公差及表面粗糙度等技术要求是否合理。经过复查、补充、修改后，利用绘图仪器或计算机绘制出正规的零件工作图。

任务二　键 的 测 绘

一、键的认知

　　键是标准件，主要用来联接装在轴上的传动零件，起传递转矩（扭矩）的作用，如图 1-5 所示。

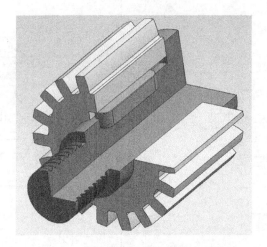

图 1-5　键把轴和齿轮联接在一起

1．键的种类

键的种类有平键、半圆键、楔键三种，如图 1-6 所示

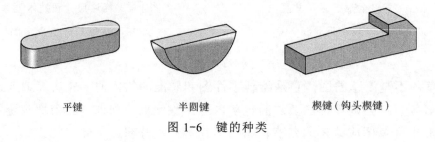

平键　　　　　　　　半圆键　　　　　　楔键（钩头楔键）

图 1-6　键的种类

2．键的应用

（1）普通平键联接的应用场合　普通平键联接应用比较广泛。无论哪种平键联接，它们都是静联接，即联接后轴和轴上轮毂无轴向相对运动，也无周向相对转动。

平键的两侧面为工作面，靠键与槽的挤压及键的剪切传递扭矩，如图 1-7 所示。

（2）半圆键联接的应用场合　半圆键联接也是静联接，工作面和平键联接相同，也是两侧面。半圆键能在槽中绕几何中心摆动，具有自调整性，其工艺性好，装配方便。但半圆键的键槽比较深，对轴的削弱较大，所以一般用于轴端及轻载场合，特别适合锥形轴与轮毂的联接，如图 1-8 所示。

（3）钩头楔键联接的应用场合　钩头楔键的上表面有 1:100 的斜度，轮毂槽的底面也有 1:100 的斜度。安装时用力打紧，工作时靠其上下表面的挤压变形所产生的摩擦力来传递扭矩，并可传递小部分单向轴向力，如图 1-9 所示。但钩头楔键的对中性差，定心精度不高，且钩头楔键是靠上下表面工作的，所以只能用于定心精度要求不高，载荷平稳和低速的联接中。并且，钩头楔键只能用于轴端联接，如在轴的中间用，键槽应比键长 2 倍才能装入，且要罩安全罩。

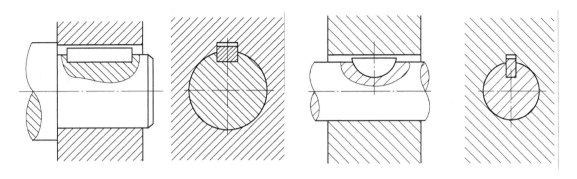

图 1-7 平键联接   图 1-8 半圆键联接

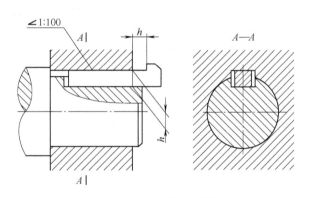

图 1-9 钩头楔键联接

二、测量工具的使用

1．钢直尺

钢直尺是最简单的长度量具，它的长度有 150mm，300mm，500mm 和 1 000mm 4 种规格。图 1-10 是常用的 150mm 钢直尺。

图 1-10 150mm 钢直尺

钢直尺用于测量零件的长度尺寸（图 1-11）。它的测量结果不太准确，这是由于钢直尺的刻线间距为 1mm，而刻线本身的宽度就有 0.1～0.2mm，所以测量时读数误差比较大，只能读出毫米数，即它的最小读数值（分度值）为 1mm，比 1mm 小的数值，只能估计而得。

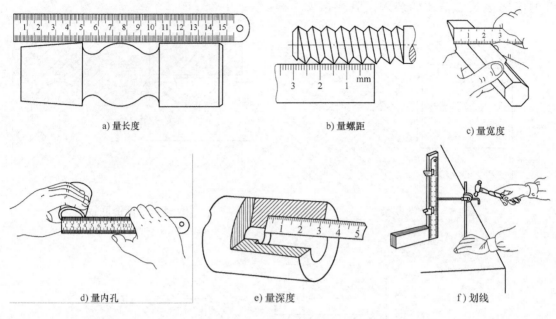

a) 量长度　　　　　　　　b) 量螺距　　　　　　　　c) 量宽度

d) 量内孔　　　　　　　　e) 量深度　　　　　　　　f) 划线

图 1-11　钢直尺的使用方法

如果用钢直尺直接去测量零件的直径尺寸（轴径或孔径），则测量精度更差。其原因是：除了钢直尺本身的读数误差比较大以外，还由于钢直尺无法正好放在零件直径的正确位置。所以，零件直径尺寸的测量，可以利用钢直尺和内外卡钳配合起来进行。

2. 游标卡尺

游标卡尺是一种常用的量具，具有结构简单、使用方便、精度中等和测量的尺寸范围大等特点，可以用它来测量零件的外径、内径、长度、宽度、厚度、深度和孔距等，应用范围很广。

图 1-12 所示为常见的机械式游标卡尺，它的量程是 110mm，分度值为 0.1mm，由内测量爪、外测量爪、制动螺钉、主标尺、游标尺、尺身和深度尺等组成。主标尺和游标尺上刻有刻线，游标尺和深度尺可相对主标尺滑动来完成对工件的测量。

（1）游标卡尺的功能　游标卡尺具有测量外径、内径和深度等功能。如图 1-13～图 1-15 所示。

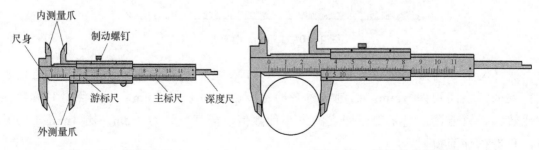

图 1-12　游标卡尺　　　　　　　　　图 1-13　游标卡尺测外径

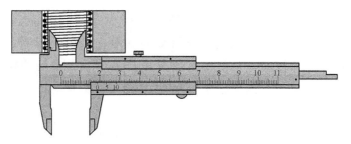

图 1-14　游标卡尺测内径

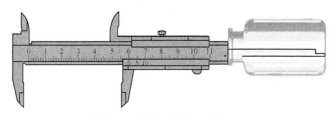

图 1-15　游标卡尺测深度

（2）游标卡尺的读数原理和读数方法　分度值为 0.1mm 的游标卡尺如图 1-16 a 所示。主标尺刻线间距（每格）为1mm，当游标尺零线与主标尺零线对准（两爪合并）时，游标尺上的第 10 刻线正好指向主标尺上的 9mm 刻线，而游标尺上的其他刻线都不会与主标尺上任何一条刻线对准。

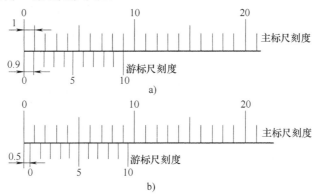

图 1-16　游标读数原理

游标每格间距=9/10mm=0.9mm，主标尺每格间距与游标尺每格间距相差为（1-0.9）mm=0.1mm。0.1mm 即为此游标卡尺上所能读出的最小数值，再也不能读出比 0.1mm 小的数值。

当游标尺向右移动 0.1mm 时，则游标尺零线后的第 1 根刻线与主标尺刻线对准。当游标尺向右移动 0.2mm 时，则游标尺零线后的第 2 根刻线与主标尺刻线对准，依此类推。若游标尺向右移动 0.5mm，如图 1-16 b 所示，则游标尺上的第 5 根刻线与主标尺刻线对准。由此可知，游标尺向右移动不足 1mm 的距离，虽不能直接从主标尺读出，但可以由游标尺的某一根刻线与主标尺刻线对准时，该游标尺刻线的次序数乘其分度值而读出其小数值。例如，图 1-16 b 所示的尺寸为 5×0.1mm=0.5mm。

（3）游标卡尺的使用方法　若量具使用得不合理，不但影响量具本身的精度，且直接影响零件尺寸的测量精度，甚至发生质量事故，造成不必要的损失。所以，我们必须重视量具的正确使用，对测量技术要精益求精，确保获得正确的测量结果，确保产品质量。

使用游标卡尺测量零件尺寸时，必须注意以下几点。

1）测量前应把卡尺揩干净，检查卡尺的两个测量面和测量刀口是否平直无损，把两个量爪紧密贴合时，应无明显的间隙，同时游标尺和主标尺的零位刻线要相互对准。这个过程称为校对游标卡尺的零位。

2）移动尺框时，活动要自如，不应过松或过紧，更不能有晃动的现象。用制动螺钉固定尺框时，卡尺的读数不应有所改变。在移动尺框时，不要忘记松开制动螺钉，也不宜过松以免掉落。

3）当测量零件的外尺寸时，卡尺两测量面的连线应垂直于被测量表面，不能歪斜。测量时，可以轻轻摇动卡尺，放正垂直位置，如图 1-17 所示。否则，量爪若在错误位置上，将使测量结果 *a* 比实际尺寸 *b* 要大。测量时先把卡尺的活动量爪张开，使量爪能自由地卡进工件，把零件贴靠在固定量爪上，然后移动尺框，用轻微的压力使活动量爪接触零件。如卡尺带有微动装置，此时可拧紧微动装置上的固定螺钉，再转动调节螺母，使量爪接触零件并读取尺寸。不可把卡尺的两个量爪调节到接近甚至小于所测尺寸，把卡尺强制地卡到零件上去。这样做会使量爪变形，或使测量面过早磨损，使卡尺失去应有的精度。

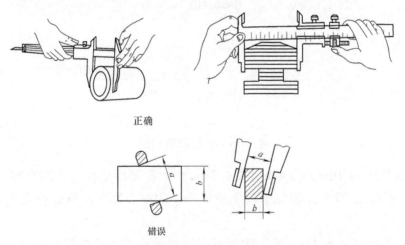

正确

错误

图 1-17　测量外尺寸时正确与错误的位置

测量外尺寸时，应当用平面量爪进行测量，尽量避免用端部量爪和刀口形量爪去测量外尺寸。而对于圆弧形沟槽尺寸，则应当用刀口形量爪进行测量，不应当用平面形量爪进行测量，如图 1-18 所示。

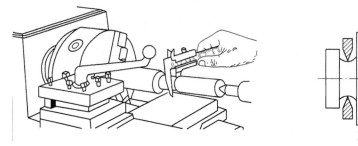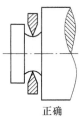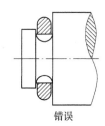

图 1-18　测量沟槽时正确与错误的位置

　　测量沟槽宽度时，也要放正游标卡尺的位置，应使卡尺两量爪的连线垂直于沟槽，不能歪斜。否则，量爪若在如图 1-19 所示的错误的位置上，也将使测量结果不准确（可能大也可能小）。

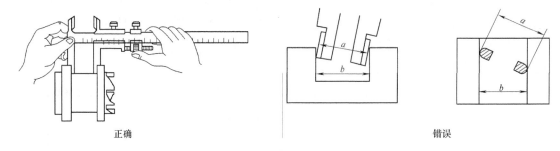

图 1-19　测量沟槽宽度时正确与错误的位置

　　4）当测量零件的内尺寸时，如图 1-20 所示，要使量爪分开的距离小于所测内尺寸，进入零件内孔后，再慢慢张开并轻轻接触零件内表面，用制动螺钉固定尺框后，轻轻取出卡尺来读数。取出量爪时，用力要均匀，并使卡尺沿着孔的中心线方向滑出，不可歪斜，避免量爪扭伤、变形和受到不必要的磨损，同时要避免尺框走动，影响测量精度。

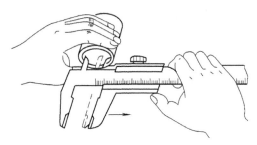

图 1-20　内孔的测量

　　卡尺两量爪应在孔的直径上，不能偏歪。图 1-21 为带有刀口形量爪和带有圆柱面形量爪的游标卡尺，在测量内孔时正确的和错误的位置。当量爪在错误位置时，其测量结果 d，将比实际孔径 D 要小。

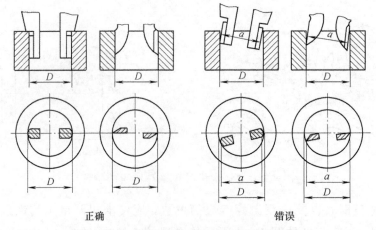

正确　　　　　　　　　　　　错误

图 1-21　测量内孔时正确与错误的位置

5）用游标卡尺测量零件时，不允许过分地施加压力，所用压力应使两个量爪刚好接触零件表面。如果测量压力过大，不但会使量爪弯曲或磨损，而且量爪在压力作用下产生弹性变形，使测量得到的尺寸不准确（外尺寸小于实际尺寸，内尺寸大于实际尺寸）。

在游标卡尺上读数时，应把卡尺水平地拿着，朝着亮光的方向，使人的视线尽可能和卡尺的刻线表面垂直，以免由于视线的歪斜造成读数误差。

6）为了获得正确的测量结果，可以多测量几次，即在零件的同一截面上的不同方向进行测量。对于较长零件，则应当在全长的各个部位进行测量，确保获得一个比较正确的测量结果。

7）为了使读者便于记忆，更好地掌握游标卡尺的使用方法，现把上述提到的几个主要问题，整理成顺口溜，供读者参考。

量爪贴合无间隙，主尺游标两对零。

尺框活动能自如，不松不紧不晃动。

测力松紧细调整，不当卡规用力卡。

量轴防歪斜，量孔防偏歪。

测量内尺寸，爪厚勿忘加。

面对光亮处，读数垂直看。

三、键的绘制

普通 A 型平键（双圆头），已测量得到其基本尺寸——宽度 b 为 20mm，其绘图过程如下。

1）绘制三个视图的中心线，底面的基准线，如图 1-22 所示。

2）绘制俯视图圆弧的轮廓线，倒角的圆弧线。倒角尺寸查国家标准（GB/T 1096—

2003）确定，查表得倒角尺寸 s 为 0.6～0.8mm，取 s=0.6mm。圆弧半径为 20/2mm=10mm，倒角圆弧半径为（10–0.6）mm=9.4mm，如图 1-23 所示。

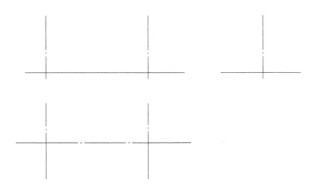

图 1-22 绘制中心线、基准线

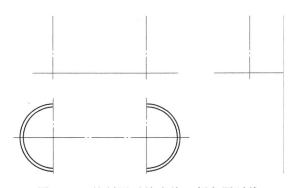

图 1-23 绘制圆弧轮廓线、倒角圆弧线

3）绘制俯视图的前后面轮廓线及倒角轮廓线，如图 1-24 所示。

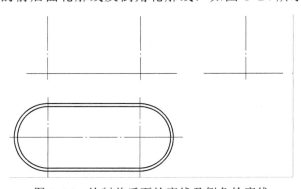

图 1-24 绘制前后面轮廓线及倒角轮廓线

4）根据主、俯视图"长对正"的投影关系绘制主视图的左右轮廓线，根据键的高度尺寸绘制顶面轮廓线，根据俯、左视图"宽相等"的投影关系绘制左视图前后面轮廓线，根据主、左视图"高平齐"的投影关系绘制左视图顶面线，如图 1-25 所示。

5）根据倒角尺寸绘制主、左视图的倒角线，检查图形无误后擦去作图线并加深图线，如图 1-26、图 1-27 所示。

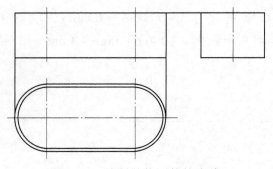

图 1-25 绘制其他面的轮廓线

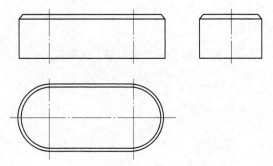

图 1-26 绘制主、左视图倒角线

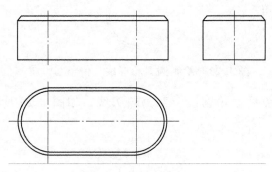

图 1-27 加深图线

6）根据普通 A 型平键的长、宽、高及倒角尺寸，将其标注在图上，如图 1-28 所示。

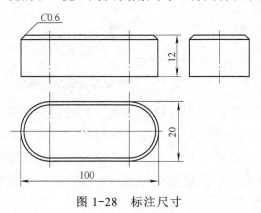

图 1-28 标注尺寸

7）根据国家标准查出长、宽、高的尺寸公差带，各加工面的表面粗糙度值和倒角尺寸，并将其标注在键的零件图上，标明键的有关技术要求，绘制标题栏并填写标题栏，完成作图，如图1-29所示。

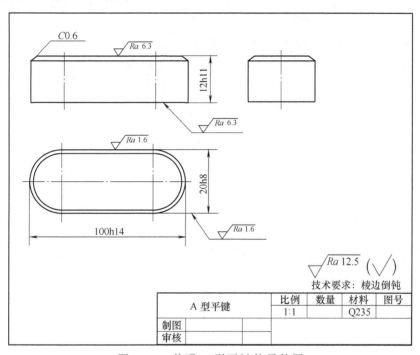

A 型平键		比例	数量	材料	图号
		1:1		Q235	
制图					
审核					

图 1-29　普通 A 型平键的零件图

任务三　销 的 测 绘

一、销的认知

销是标准件，主要用于定位、联接、防松。常见的销有圆柱销、圆锥销和开口销，如图1-30所示。

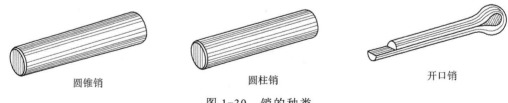

圆锥销　　　　　　　圆柱销　　　　　　　开口销

图 1-30　销的种类

圆柱销、圆锥销一般情况下多选用 35 钢或 45 钢，但须进行热处理。高强度要求下选用轴承钢。

开口销的材料多为碳素钢 Q215、Q235（GB/T 700），铜合金 H63（GB/T 5231），

不锈钢 12Cr17Ni7，06Cr18Ni11Ti（GB/T 1220）。开口销常用材料如图 1-31 所示。

碳素钢 Q235　　　　　　铜合金　　　　　　不锈钢

图 1-31　开口销常用材料

二、测量工具的使用——千分尺

1. 千分尺的用途和分类

千分尺又名螺旋测微器，它是一种测量精度较高的仪器，一般分为内径千分尺和外径千分尺，如图 1-32 所示。

内径千分尺　　　　　　　　　　　外径千分尺

图 1-32　千分尺

2. 千分尺的结构

千分尺由测砧、测微螺杆、固定套管、微分筒、尺架、旋钮、棘轮等 7 部分组成，如图 1-33 所示。

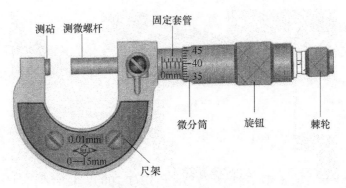

图 1-33　千分尺结构

3．千分尺的使用

转动旋钮测微螺杆就会移动，当测微螺杆的端面接触工件时，再转动棘轮，棘轮在棘爪销的斜面上打滑，测微螺杆就会停止移动，由于弹簧的作用，棘轮滑动时发出吱吱声。如果反向旋转，测微螺杆向右移动松开工件。

4．千分尺的读数

用千分尺测量工件时，读数分为 3 个步骤：

1）读出微分筒的边缘在固定套管主尺上的毫米数和半毫米数；

2）看微分筒上哪一条线与基准线对齐，并读出不足半毫米的数；

3）把两个读数加起来为测得的实际尺寸。

例 1-1：

如图 1-34 所示：读数 L=固定刻度+半刻度+可动刻度

$L=（2+0.5+0.459）$ mm=2.959mm

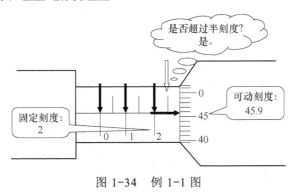

图 1-34　例 1-1 图

例 1-2：

如图 1-35 所示：读数 L=固定刻度+半刻度+可动刻度

$L=（2+0.0+0.344）$ mm=2.344mm

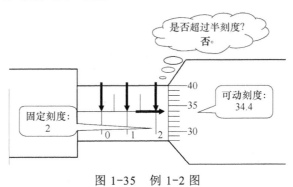

图 1-35　例 1-2 图

5．千分尺的正确使用和保养

1）检查零位线是否准确。

2）测量时需把工件被测量面擦干净。

3）工件较大时应放在 V 形架或平板上测量。

4）测量前将测微螺杆和测砧擦干净。

5）拧微分筒时需用棘轮装置。

6）不要拧松后盖，以免造成零位线改变。

7）不要在固定套管和微分筒间加入普通润滑油。

8）用后擦净上油，放入专用盒内，置于干燥处。

三、销的绘制

销的类型、标准、图例及用途见表 1-1。

表 1-1　销的类型、标准、图例及用途

类　型	标　准	图　例	用　途
圆柱销	GB/T 119.1 GB/T 119.2	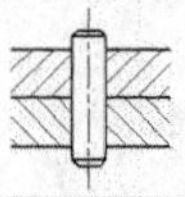	用于定位、联接，靠过盈配合固定在销孔中，用于不经常拆卸的场合
圆锥销	GB/T 117	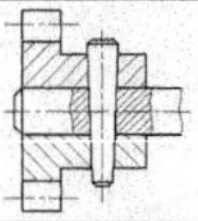	用于定位、也可用于固定零件，传递动力。有 1:50 的锥度，可自锁，安装方便，定位精度高，可多次拆卸
开口销	GB/T 91	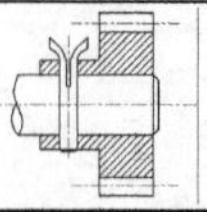	用于锁紧零件

1.圆柱销的标记及画法

圆柱销的标记：公称直径 d=6mm、公差为 m6、公称长度 l=30mm、不经淬火和表面处理的圆柱销

标记为　　　　　　　　　　销　GB/T 119.1　6 m6×30

圆柱销的画法如图 1-36 所示。

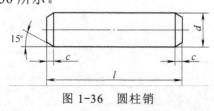

图 1-36　圆柱销

由于圆柱销是标准件，所以图 1-36 中的 c 值可以查表得出。

2.圆锥销的标记及画法

圆锥销的标记：公称直径 d=6mm、公称长度 l=30mm 的圆锥销标记为

　　　　　　　　　　销　GB/T 117　6×30

圆锥销的画法如图 1-37 所示。

图 1-37 中：$R_1=d$，$R_2 \approx a/2+d+0.021^2/8a$

由于圆锥销是标准件，所以 a 值可以查表得出。

3．开口销的标记及画法

开口销的标记：公称规格为 5mm，公称长度 l=50mm 的开口销标记为

销　　GB/T 91　5×50

开口销的画法如图 1-38 所示。

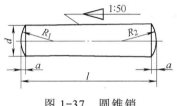

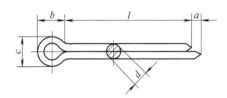

图 1-37　圆锥销　　　　　　　　图 1-38　开口销

项目二 轴类零件的测绘

任务一 认识轴类零件

一、轴类零件的分类、功用与结构特点

轴是组成机械的重要零件，也是机械加工中常见的典型零件之一。它支承着其他转动件回转并传递转矩，同时又通过轴承与机器的机架连接，如图 2-1 所示。

图 2-1 减速器中的轴

轴类零件是指同轴回转体零件，其长度大于直径，按照受载荷情况，可分为如下几种：

1）转轴：支承转动机件并传递转矩，即同时承受弯矩和扭矩。

2）心轴：只支承旋转机件而不传递转矩，即只承受弯矩。

3）传动轴：主要传递转矩。主要承受扭矩，不承受或承受较小的弯矩。

按结构形状，轴可分为：光轴和阶梯轴；实心轴和空心轴。

按轴线几何形状，轴可分为：直轴、曲轴和钢丝软轴。

从轴类零件的结构特征来看，它们都是长度大于直径的回转体零件，通常由内外圆柱面、内外圆锥面、内孔、内外螺纹及相应端面所组成。轴类零件的结构特征如图 2-2 所示。轴的加工表面通常除了圆柱面、圆锥面、螺纹、端面外，还有花键、键槽、横向孔、沟槽等结构。

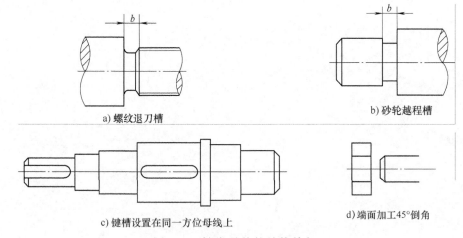

a) 螺纹退刀槽   b) 砂轮越程槽

c) 键槽设置在同一方位母线上   d) 端面加工45°倒角

图 2-2 轴类零件的结构特征

二、轴类零件材料与热处理方法的确定

1．材料的确定

轴类零件常用的材料有如下几种：

碳素结构钢，如 Q235A、Q275 等。

优质碳素结构钢，如 20 钢、35 钢、45 钢、50 钢等，其中以 45 钢应用最为广泛。

合金结构钢，如 20Cr、20CrMnTi、40Cr、40MnB 等。

球墨铸铁，如 QT600-3、QT800-2 等。

轴类零件工作时承受弯矩、扭矩和交变力的作用，轴颈处还承受较大的摩擦力，因此，在确定轴的材料时应特别注意其工作条件。高转速、大载荷、高精度的曲轴、传动轴等零件常用 20Cr、20CrMnTi、40Cr、40MnB 等合金结构钢或 38CrMoAlA 等高级优质合金结构钢；中等载荷、中等精度要求的机床主轴、减速器轴等零件常用 35钢、45 钢、50 钢、40Cr 等结构钢；受力不大、转速低的螺栓、拉杆、销轴等零件常用 Q235A、Q275 等普通碳素钢。

2．热处理方法的确定

零件的热处理方法是根据所选材料、工作条件和使用要求而确定的，轴类零件常用正火、退火、时效、调质、渗碳、渗氮和表面淬火等热处理方法。大载荷、高精度的轴类零件，需要有一定的疲劳强度、足够的韧性、高硬度和耐磨性，应采用调质、表面淬火、渗碳、渗氮等热处理；中等载荷、中等精度要求的轴类零件，要求具有良好的综合性能、较高的硬度和耐磨性，一般进行正火和调质处理，轴颈处要求耐磨时，则要进行局部表面淬火和低温回火；受力不大、转速低的轴类零件，一般不进行热处理；起支承和引导作用的套类零件要求具有良好的综合力学性能和一定的硬度和耐磨性，一般进行正火、退火、调质、渗碳、淬火等热处理。

任务二　轴类零件的测量和标注

轴类零件的测量主要是确定内外径大小、轴向长度、内外螺纹尺寸、孔深、内外圆锥面、花键和键槽大小（包括键槽深度、宽度和位置）等。内外径精度较低的尺寸可用内、外卡钳及钢直尺测量，精度较高的尺寸应采用游标卡尺、千分尺进行测量；轴向长度、花键和键槽大小、孔深通常选用钢直尺、游标卡尺、游标深度卡尺等测量工具；螺纹公称直径应采用游标卡尺测量，螺距用螺纹规测量。

一、测量前的准备工作

（1）测量前的准备　测量前将量具的测量面和零件的被测表面擦干净，以免脏物影响测量精度。

（2）选择计量器具　测量尺寸之前，要根据被测尺寸的精度选择测量工具。线性尺寸的测量主要用千分尺、游标卡尺和钢直尺等，如图 2-3 所示。千分尺的测量精度在 IT5～IT9 之间，游标卡尺的测量精度在 IT10 以下，钢直尺一般用来测量非功能尺寸。

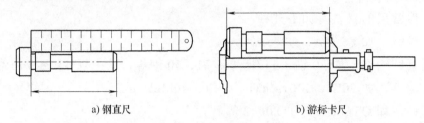

a) 钢直尺　　　　　　　　b) 游标卡尺

图 2-3　轴的测量工具

（3）选择测量基准　尽量按照尺寸标注的形式进行测量。决定零件主要尺寸的基准称为主要基准，附加的基准称为辅助基准。

1）基准的种类。

① 设计基准：在设计中，为满足零件在机器或部件中对其结构、性能的特定要求而选定的一些基准，称为设计基准。

② 工艺基准：考虑到零件的生产，为便于零件的加工、测量和装配而选定的一些基准，称为工艺基准。

2）基准选择的原则。

① 相互结合的零件，应以其结合面为标注尺寸的基准。

② 以零件主要装配孔的轴线为尺寸基准。

③ 以对称中心面为尺寸基准。

④ 尽量使设计基准与工艺基准重合；不能重合时，应以设计基准为主，兼顾工艺基准。

⑤ 径向基准：以轴线为基准标注各圆柱的直径尺寸，如图 2-4 所示。

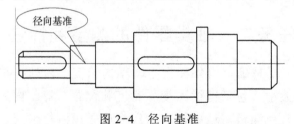

图 2-4　径向基准

⑥ 轴向基准：以端面为尺寸标注的起点，标注轴向尺寸，如图 2-5 所示。

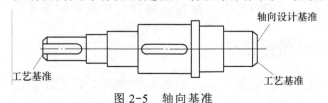

图 2-5　轴向基准

二、尺寸的测量

绘制出草图之后，根据轴类零件的实物以及与之相配合的零件，测量轴类零件的各部分尺寸并在草图上标注。轴类零件应测量的尺寸主要有以下几类。

1. 径向尺寸的测量

用游标卡尺或千分尺直接测量各段轴径尺寸并圆整，与轴承配合的轴颈尺寸要和轴承的内孔系列尺寸相匹配，如图 2-6 所示。

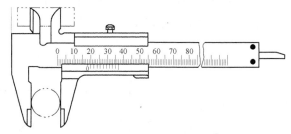

图 2-6　游标卡尺测量轴径

2. 轴向尺寸的测量

用钢直尺、游标卡尺或千分尺测量各段阶梯长度和轴类零件的总长度，测出的数据圆整成整数。需要注意的是，轴类零件的总长度尺寸应直接测量，不要用各段轴向的长度进行累加计算，如图 2-7 所示。

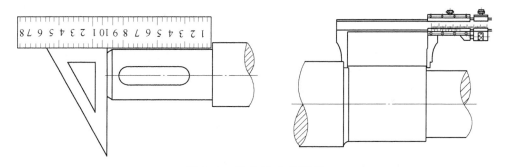

图 2-7　轴向尺寸的测量

3. 键槽尺寸的测量

键槽尺寸主要有槽宽 b、深度 t 和长度 L，从键槽的外观形状即可判断与之配合的键的类型。根据测量出的 b、t、L 值，结合键槽所在轴段的公称直径，参见键槽的相关国家标准，确定键槽的标准值及标准键的类型。

例 2-1：测得普通 A 型平键槽宽度为 9.98mm，深度为 5.05mm，长度为 36mm，根据国标规定，标准键 10×36 的键槽深和测量值最接近，故可确定键槽宽度为 10mm，深度为 5mm，长度为 36mm，所用普通 A 型平键尺寸为 10mm×8mm×36mm。

三、尺寸的标注

零件图上除重要尺寸应直接标注外，其他尺寸一般按加工顺序进行标注，这样每一个加工步骤的尺寸，可从图中直接读出，便于测量。

由测量工具直接测量的轴类零件的轴径尺寸要经过圆整，使其符合国家标准推荐的尺寸系列。有配合要求的尺寸要与配合件尺寸相匹配，并取标准值。长度尺寸一般为非功能尺寸，用测量工具测出的数据圆整成整数即可。需要注意的是，长度尺寸要直接测量，不要用各段轴的长度累加计算总长。键槽尺寸主要有槽宽 b、深度 t 和长度 L，根据测量出的 b、t、L 值，结合轴径的公称尺寸，查阅国家标准，取标准值。轴的尺寸标注如图 2-8 所示。

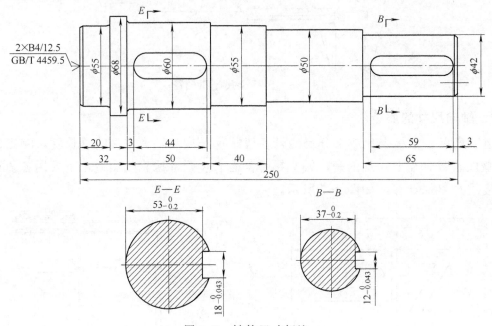

图 2-8　轴的尺寸标注

四、技术要求的标注

零件图上的技术要求主要包括以下几点：

1）尺寸公差。

2）几何公差。

3）表面粗糙度。

4）热处理及表面处理。

5）零件加工、检测和测试要求。

1. 尺寸公差的确定

轴类零件的尺寸公差包括直径尺寸公差和长度尺寸公差。轴的支承轴颈一般与轴承配合,是轴类零件的主要表面,精密轴颈的直径尺寸精度为 IT5 级,重要轴颈为 IT6~IT8 级,一般轴颈为 IT8 级。对于阶梯轴的各台阶长度,按使用要求给定公差,或者根据装配尺寸要求分配公差。

2.几何公差的确定

轴类零件主要表面有圆度、圆柱度、同轴度、垂直度要求。支承轴颈的形状公差一般应有圆度、圆柱度,其公差值应限制在直径公差范围内。对于配合轴颈,相对于支承轴颈应有同轴度要求,为方便测量,常用径向圆跳动来表示。普通精度轴的配合轴颈对支承轴颈的径向圆跳动一般为 0.01~0.03mm,高精度轴为 0.001~0.005mm。有些轴在装配时还要以轴向端面定位,因此有轴向定位端面与轴线的垂直度要求。

3.表面粗糙度的确定

一般情况下,轴类零件支承轴颈的表面的表面粗糙度 Ra 值为 0.4~3.2μm,配合轴颈表面的表面粗糙度 Ra 值为 0.6~0.8μm,非配合表面的表面粗糙度 Ra 值为 6.3~12.5μm。键和键槽配合表面的表面粗糙度一般取 Ra=1.6~6.3μm。

任务三　轴类零件的绘制

一、确定零件的表达方案

零件的视图表达方案的选取,一般是以显示零件形状特征为原则,主视图按零件加工位置或工作位置来确定。

(1)选择主视图

1)摆放位置:按加工位置原则选择主视图的位置,即轴线水平放置,如图 2-9 所示。

2)投射方向:垂直于轴线的方向。

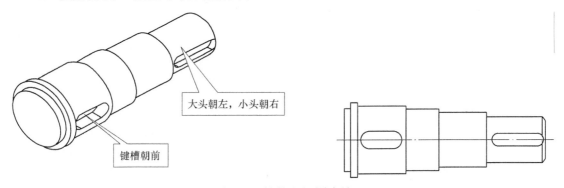

图 2-9　轴的主视图表达

(2)键槽的表达　可用移出断面图表示键槽的深度,如图 2-10 所示。

(3)槽和孔的表达　轴类零件上有槽、孔的地方,一般用局部视图或剖视图表示,这样既能清晰地表达其结构形状,还便于标注有关结构的尺寸和几何公差。

（4）较长部分的表达　对于形状简单且较长的部分，可采用折断画法。

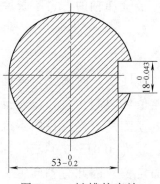

图 2-10　键槽的表达

二、绘制零件草图

对零件进行了分析，并确定了表达方案和视图数量后，就可以开始绘制零件草图，步骤如下：

1）选择图纸，定比例，定布局，画图框和标题栏。

2）目测比例，画出零件的基本轮廓，标注尺寸，完成草图，如图 2-11 所示。

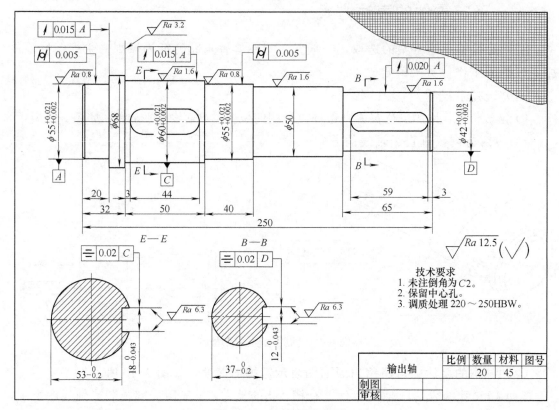

图 2-11　轴的零件草图

技术要求
1. 未注倒角为 C2。
2. 保留中心孔。
3. 调质处理 220～250HBW。

输出轴	比例	数量	材料	图号
		20	45	
制图				
审核				

三、绘制零件图

画零件工作图之前，要对草图进行审核和整理：完善表达方案，检查尺寸标注及布置的合理性，核对技术要求，尽量做到标准化和规范化。然后选择比例、确定图幅，画出零件图，如图 2-12 所示。

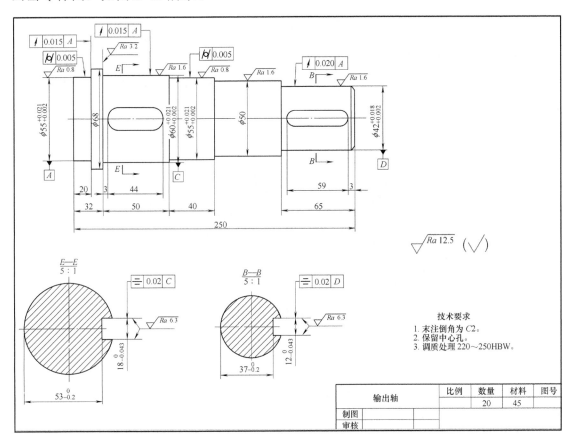

图 2-12　轴的零件图

项目三 螺纹紧固件的测绘

任务一 认识标准件

标准件定义：凡在结构、尺寸、标记、画法等各个方面都作了统一的规定（标准化、系列化）的零件称为标准件。例如螺纹紧固件、键、销、滚动轴承等。标准件在机器中的应用如图 3-1 所示。

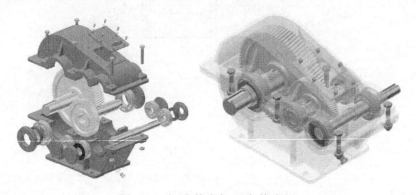

图 3-1　标准件在机器中的应用

一、螺纹紧固件

常用的螺纹紧固件有螺栓、螺柱、螺母和垫片，如图 3-2 所示。由于螺纹紧固件的结构和尺寸均已标准化，使用时按规定标记直接外购即可。

图 3-2　常用螺纹紧固件

二、键和销

1．键及其联接

键主要用于联接轴和装在轴上的转动零件（如齿轮、带轮等），起传递转矩的作用，如图 3-3 所示。

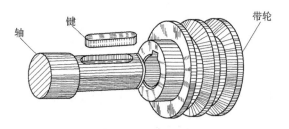

图 3-3　键联接

2．常用键的种类

常用键的种类有平键、半圆键和楔键，如图 3-4 所示。

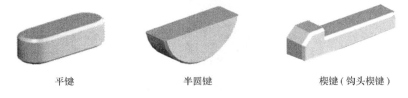

平键　　　　　　　　半圆键　　　　　　　楔键（钩头楔键）

图 3-4　常用键的种类

3．花键及其联接

花键适用于载荷较大、定心精度较高或导向性好的联接，其结构和尺寸均已标准化。矩形花键应用较广。花键联接如图 3-5 所示。

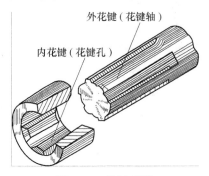

图 3-5　花键联接

4．常用销及其联接

常用销的种类有圆柱销、圆锥销和开口销，如图 3-6 所示。

圆柱销   开口销   圆锥销

图 3-6   常用销的种类

三、滚动轴承

滚动轴承的作用：减小摩擦，承受载荷，对机器零部件间位置进行定位。

滚动轴承是标准部件，由外圈、内圈、滚动体和保持架组成，如图 3-7 所示。

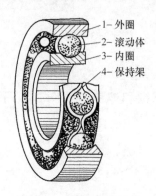

1- 外圈
2- 滚动体
3- 内圈
4- 保持架

图 3-7   滚动轴承结构

根据承受载荷方向的不同，滚动轴承分为 3 类：向心轴承、角接触轴承和推力轴承，如图 3-8 所示。

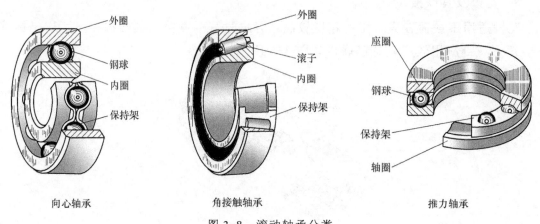

外圈   钢球   内圈   保持架

外圈   滚子   内圈   保持架

座圈   钢球   保持架   轴圈

向心轴承   角接触轴承   推力轴承

图 3-8   滚动轴承分类

1）向心轴承：主要承受径向载荷，常用的向心轴承有深沟球轴承。

2）角接触轴承：同时承受径向和轴向载荷，常用的角接触轴承有圆锥滚子轴承。

3）推力轴承：主要承受轴向载荷，常用的推力轴承有推力球轴承。

任务二　螺纹及螺栓的尺寸与画法

一、螺纹的相关知识

螺纹是指在圆柱或圆锥表面上，沿着螺旋线所形成的连续凸起，一般称为"牙"。也可以说当一个平面图形（如三角形、梯形、矩形等）绕着圆柱面或圆锥面做螺旋运动时，形成的螺旋体称为螺纹。

外螺纹：制在圆柱或圆锥体外表面上的螺纹。

内螺纹：制在圆柱或圆锥孔内表面上的螺纹。

牙顶：螺纹表面凸起的部分。

牙底：螺纹表面沟槽的部分。

外螺纹常用加工方法：车削加工、碾压板加工、板牙加工。

内螺纹常用加工方法：车削加工、丝锥加工。

车削螺纹的情况：工件绕轴线做等速回转运动，刀具沿轴线做等速移动且切入工件一定深度，即能切削出外螺纹或内螺纹，如图3-9、图3-10所示。

图3-9　车削外螺纹　　　　　　　　　　图3-10　车削内螺纹

二、螺纹的五要素

1．螺纹牙型

沿螺纹轴线方向剖切所得到的螺纹牙齿断面形状称为牙型。常用的牙型有三角形、梯形、锯齿形等。不同种类的螺纹牙型有不同的用途。

常用的几种螺纹的特征代号及用途如下。

（1）普通螺纹　普通螺纹是常用的联接螺纹，牙型为三角形，牙型角为60°，如图3-11所示。普通螺纹的特征代号为M。普通螺纹又分为粗牙和细牙两种，它们的标记相同，粗牙螺纹的螺距可以省略。一般联接都用粗牙螺纹。当螺纹的大径相同时，细牙螺纹的螺距和牙型高度比粗牙螺纹小，因此细牙螺纹适用于薄壁零件的联接。

（2）管螺纹　管螺纹主要用于联接管子，牙型为三角形，牙型角为 55°，如图 3-12 所示。管螺纹有两类：

55° 非密封管螺纹，特征代号为 G。

55° 密封管螺纹，特征代号为 R、Rp、Rc。

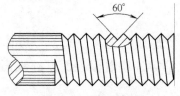

图 3-11　普通螺纹

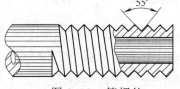

图 3-12　管螺纹

（3）梯形螺纹　梯形螺纹为常用的传动螺纹，牙型为等腰梯形，牙型角为 30°，如图 3-13 所示。梯形螺纹的特征代号为 Tr。

（4）锯齿形螺纹　锯齿形螺纹是一种受单向力的传动螺纹，牙型为不等腰梯形，一侧边牙型角为 30°，另一侧边牙型角为 3°，如图 3-14 所示。锯齿形螺纹的特征代号为 B。

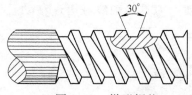

图 3-13　梯形螺纹

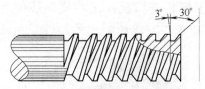

图 3-14　锯齿形螺纹

2．螺纹直径

1）大径：与外螺纹的牙顶或内螺纹的牙底相切的假想圆柱面的直径称为大径。大径即螺纹的公称直径。内、外螺纹的大径分别用 D、d 表示。

2）小径：与外螺纹的牙底或内螺纹的牙顶相切的假想圆柱面的直径称为螺纹小径。内、外螺纹的小径分别用 D_1、d_1 表示。

3）中径：它是一个假想圆柱面的直径：在大径和小径之间，其素线通过牙型上的沟槽和凸起宽度相等的假想圆柱面。内、外螺纹的中径分别用 D_2、d_2 表示。

普通螺纹和梯形螺纹的大径又称公称直径。螺纹的顶径是与外螺纹或内螺纹牙顶相切的假想圆柱面或圆锥面的直径，即外螺纹的大径或内螺纹的小径；螺纹的底径是与外螺纹或内螺纹牙底相切的假想圆柱面或圆锥面的直径，即外螺纹的小径或内螺纹的大径。螺纹各直径如图 3-15 所示。

3．螺纹线数

螺纹有单线和多线之分。沿一根螺旋线形成的螺纹称为单线螺纹；沿两根或两根以上螺旋线形成的螺纹称为多线螺纹。联接螺纹大多为单线。螺纹的线数用 n 表示。

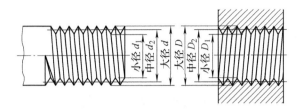

图 3-15　螺纹各直径

4．螺纹旋向

螺纹有右旋和左旋两种，如图 3-16 所示。图中螺旋线的倾斜方向的标志是：左旋左高，右旋右高。

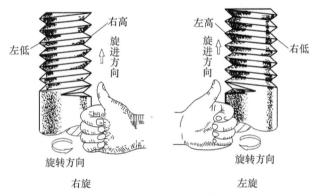

图 3-16　螺纹的旋向

5．螺纹螺距和导程

相邻两牙在中径线上对应两点间的轴向距离称为螺距，螺距用字母 P 表示；同一螺旋线上的相邻两牙在中径线上对应两点间的轴向距离称为导程，导程用字母 Ph 表示。线数 n、螺距 P 和导程 Ph 之间的关系为 $Ph = P \cdot n$，如图 3-17 所示。

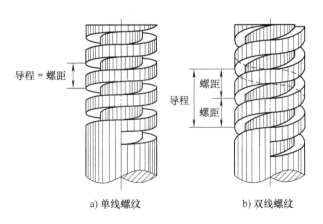

a) 单线螺纹　　　　b) 双线螺纹

图 3-17　螺距与导程

三、螺纹的画法

牙顶用粗实线表示（外螺纹的大径线，内螺纹的小径线）。

牙底用细实线表示（外螺纹的小径线，内螺纹的大径线）。

在投影为圆的视图上，表示牙底的细实线圆只画约 3/4 圈。

螺纹终止线用粗实线表示。

不论是内螺纹还是外螺纹，其剖视图或断面图上的剖面线都必须画到粗实线。

1．外螺纹的画法

外螺纹的画法如图 3-18 所示。

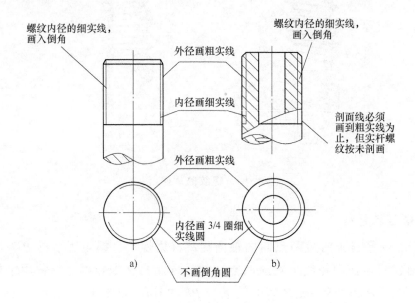

图 3-18　外螺纹的画法

2．内螺纹的画法

内螺纹的画法如图 3-19 所示。

3．内、外螺纹联接的画法

只有当内、外螺纹的五项基本要素相同时，内、外螺纹才能进行联接。用剖视图表示螺纹联接时，旋合部分按外螺纹的画法绘制，未旋合部分按各自原有的画法绘制。画图时必须注意：表示内、外螺纹大径的细实线和粗实线，以及表示内、外螺纹小径的粗实线和细实线应分别对齐，如图 3-20 所示。

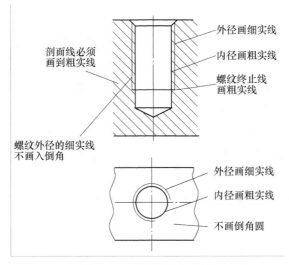

图 3-19　内螺纹的画法

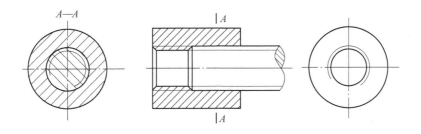

图 3-20　内、外螺纹联接画法

四、螺纹的种类和标记

1. 螺纹的种类

螺纹的种类如下：

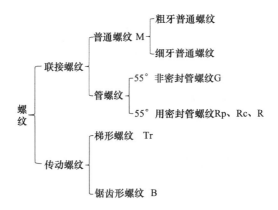

2. 螺纹的标记

普通螺纹的标记用尺寸标注形式标注在内、外螺纹的大径上，其标记的具体项目和格式如下：

螺纹代号　公称直径×螺距　公差带代号　旋合长度代号　旋向代号

普通螺纹的螺纹特征代号用字母"M"表示。

普通粗牙螺纹不必标注螺距，普通细牙螺纹必须标注螺距。

对于多线螺纹，其螺距一项应为"Ph 导程 P 螺距"，公称直径、导程和螺距数值的单位为 mm。

右旋螺纹不必标注，左旋螺纹应标注字母"LH"。

中径公差带代号和顶径公差带代号由表示公差等级的数字和字母组成。大写字母代表内螺纹，小写字母代表外螺纹。顶径是指外螺纹的大径和内螺纹的小径。若中径和顶径两组公差带相同，则只写一组。表示内、外螺纹旋合时，内螺纹公差带在前，外螺纹公差带在后，中间用"/"分开。在特定情况下，中等公差精度螺纹不标注公差带代号（内螺纹的 5H，公称直径小于和等于 1.4mm 时；内螺纹的 6H，公称直径大于和等于 1.6mm 时；外螺纹的 6h，公称直径小于和等于 1.4mm 时；外螺纹的 6g，公称直径大于和等于 1.6mm 时）。

普通螺纹的旋合长度分为短、中、长三组，其代号分别是 S、N、L。若是中等旋合长度，其旋合代号 N 可省略。

螺纹的标注示例：

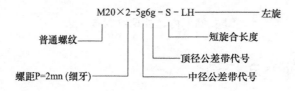

五、螺纹的测量

1）确定螺纹线数和旋向。

2）确定牙型和螺距。螺距可用螺纹规直接量出，也可用拓印法测量，即将螺纹放在洁净的纸上压出痕迹，然后从痕印量出螺距。

3）确定螺纹大径。外螺纹可用游标卡尺等直接量出大径，内螺纹可先量螺纹小径，然后根据螺纹标准查出其大径尺寸。

4）查表确定代号。根据牙型、螺距、大径、旋向等查螺纹标准，确定螺纹代号。

六、螺纹紧固件的标记规定

螺纹紧固件的标记规定见表 3-1。

表 3-1　螺纹紧固件标记规定

名　　称	国家标准号	规格和性能尺寸
螺栓	GB/T 5782	M8×40（40 指有效长度）
螺柱	GB/T 897	M8×35（35 指有效长度）
螺钉	GB/T 67	M8×25
螺母	GB/T 6170	M8
垫圈	GB/T 97.1	8（8 不是自身孔径尺寸）

七、螺栓的画法

为了提高画图速度，螺栓各部分尺寸都可按螺纹大径 d 的一定比例画图，称为比例画法。采用比例画法时，螺栓的有效长度按被联接件的厚度决定，并按实长画出，如图 3-21 所示。

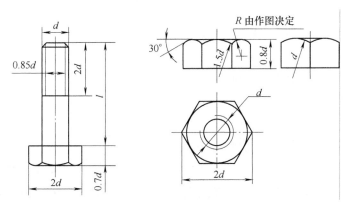

图 3-21　螺栓的画法

八、螺栓的联接

最常用的螺纹紧固件联接形式有螺栓联接、螺柱联接和螺钉联接三种。

螺栓用来联接两个不太厚并能钻成通孔的零件，并与垫圈、螺母配合进行联接，如图 3-22、图 3-23 所示。螺栓联接的紧固件有螺栓、螺母和垫圈。螺栓联接一般用比例画法近似地绘制，所谓比例画法就是以螺栓上螺纹的公称直径为主要参数，其余各部分结构尺寸均按与公称直径成一定比例的关系绘制。

图 3-22　螺栓联接结构（一）

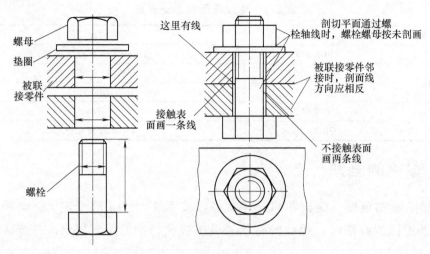

图 3-23　螺栓联接结构（二）

螺栓的有效长度按下式估算

$$L=t_1+t_2+h+m+a$$

式中　t_1、t_2——两零件厚度（mm）；

　　　　h——垫圈厚度（mm）；

　　　　m——螺母厚度（mm）；

　　　　a——螺栓端部伸出高度，$a\approx0.3d$（mm）。

计算出 L 值后，根据螺栓有效长度系列标准，选出一个接近的长度值。因被联接件孔径要比螺纹大径大，故剖面线画到表示被联接件孔的粗实线为止。

任务三　螺栓联接图的绘制

一、绘制螺栓联接草图

1．确定视图表达方案

根据结构特点分析，螺栓联接主要由螺栓、螺母、垫片、被联接件组成，所以采用主视、俯视两个视图表达即可。

2．选择图纸，确定比例，定位布局

根据零件大小和比例选择合适的图纸。在图纸上适当的地方，定出各个视图的位置，注意留出尺寸标注和标题栏所占的空间。

3．目测比例，徒手画出零件的内、外结构形状

按由粗到细、由主体到局部的顺序，画出各个视图的主要轮廓和零件内、外部结构，逐步完成各个视图的底稿。

二、绘制螺栓联接图

对绘制好的草图进行审核和整理：完善表达方案、检查尺寸标注及布置的合理性、核对技术要求，尽量做到标准化和规范化。选择比例、确定图幅，最终画出零件图，如图 3-24 所示。

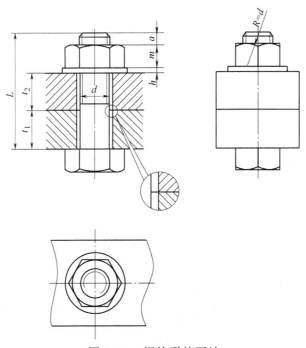

图 3-24 螺栓联接画法

项目四　齿轮类零件的测绘

任务一　认识齿轮类零件

齿轮是机器中的传动零件，它用来将主动轴的转动传送到从动轴上，以完成传递功率、变速及换向等功能。

一、齿轮类零件的分类和功能

齿轮应用广泛，种类很多，如图 4-1 所示。齿轮因其在机器中的功用不同而结构各异，具体分类如下。

1）按外形分类：有圆柱齿轮、锥齿轮、人字齿轮和曲线齿轮等。

2）按齿线形状分类：有直齿轮、斜齿轮、人字齿轮和曲线齿轮等。

3）按制造方法分类：有铸造齿轮、切制齿轮、轧制齿轮和烧结齿轮等。

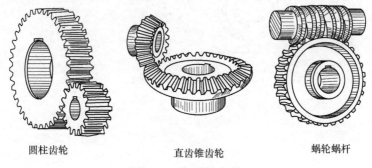

圆柱齿轮　　　　　直齿锥齿轮　　　　　蜗轮蜗杆

图 4-1　常见的齿轮

4）按轮齿所在的表面分类：有外齿轮和内齿轮。

齿轮在机器中的功用是按一定的传动比传递运动和动力，并且改变回转方向，其传动形式可分为 3 类：圆柱齿轮传动、锥齿轮转动、蜗杆传动。

二、齿轮零件的结构特点

齿轮零件最突出的特点是带有啮合齿。齿轮零件的形状一般以盘状居多，结构形式有单齿圈、双联或三联多齿圈等，也有轴状的，如齿轮轴，还有条状的，如齿条。

齿轮的轮体上有轮辐、轮毂和孔等结构。为实现与其他零件的联接，还常设计有键槽、矩形花键和渐开线花键等结构。

三、圆柱齿轮

圆柱齿轮如图 4-2 所示。

直齿圆柱齿轮　　　　斜齿圆柱齿轮　　　　人字齿圆柱齿轮

图 4-2　圆柱齿轮

1．直齿圆柱齿轮各部分名称及其代号

1）齿顶圆直径 d_a——通过齿顶的圆柱面直径。

2）齿根圆直径 d_f——通过齿根的圆柱面直径。

3）分度圆直径 d——分度圆直径是齿轮设计和加工时的重要参数。分度圆是一个假想的圆，在该圆上齿厚 s 与槽宽 e 相等。

4）齿顶高 h_a——齿顶圆和分度圆之间的径向距离。

5）齿根高 h_f——分度圆与齿根圆之间的径向距离。

6）齿高 h——齿顶圆和齿根圆之间的径向距离。

7）齿距 p——在分度圆上，相邻两齿对应齿廓之间的弧长。

8）中心距 a——两啮合齿轮轴线之间的距离。

2．直齿圆柱齿轮的基本参数

1）齿数 z——齿轮上轮齿的个数。

2）模数 m——由于分度圆的周长 $\pi d=pz$，所以 $d=(p/\pi)z$，p/π 就称为齿轮的模数。模数以 mm 为单位，它是齿轮设计和制造的重要参数。为便于齿轮的设计和制造，减少齿轮成形刀具的规格及数量，国家标准对模数规定了标准值，见表 4-1。

3）压力角——相互啮合的一对齿轮，其受力方向（齿廓曲线的公法线方向）与运动方向之间所夹的锐角，称为压力角。同一齿廓的不同点上的压力角是不同的，在分度圆上的压力角，称为标准压力角。国家标准规定标准压力角为 20°。

齿轮各部分的名称和代号如图 4-3 所示。

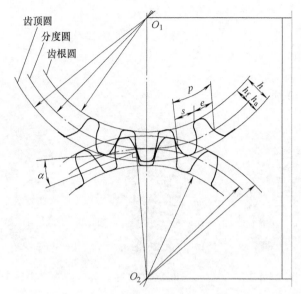

图 4-3 齿轮各部分的名称及代号

表 4-1 标准模数系列

第一系列	1 1.25 1.5 2 2.5 3 4 5 6 8 10 12 16 20 25 32 40 50
第二系列	1.75 2.25 2.75 3.5 4.5 5.5 (6.5) 7 9 11 14 18 22

3. 直齿圆柱齿轮各部分的尺寸计算

直齿圆柱齿轮各部分的尺寸计算见表 4-2。

表 4-2 直齿圆柱齿轮各部分的尺寸计算

基本参数：模数 m 齿数 z		已知 $m=2mm$ $z=26$	
名 称	符 号	计 算 公 式	计 算 举 例
齿距	p	$p=\pi m$	$p=6.28\ mm$
齿顶高	h_a	$h_a=m$	$h_a=2mm$
齿根高	h_f	$h_f=1.25$	$h_f=2.5mm$
齿高	h	$h=2.25m$	$h=4.5mm$
分度圆直径	d	$d=m\ z$	$d=52mm$
齿顶圆直径	d_a	$d_a=m(z+2)$	$d_a=56mm$
齿根圆直径	d_f	$d_f=m(z-2.5)$	$d_f=47mm$

4. 单个齿轮的规定画法

单个齿轮一般用两个视图表示。国家标准规定齿顶圆和齿顶线用粗实线绘制，分度圆和分度线用细点画线绘制，齿根圆和齿根线用细实线绘制（也可以省略不画）。在剖视图中，齿根线用粗实线绘制，并不能省略。当剖切平面通过齿轮轴线时，轮齿一律按不剖绘制。单个圆柱齿轮的画法如图 4-4 所示。

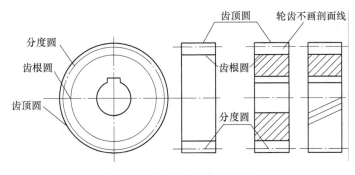

图 4-4　单个圆柱齿轮画法

四、齿轮零件材料与热处理方法的确定

齿轮的材料及热处理对齿轮的使用性能和寿命有很大的影响，选择时主要考虑齿轮的工作条件、结构尺寸、失效形式，使其具有良好的力学性能。

1．材料的确定

常用的齿轮材料有：

中碳钢，如 40 钢、45 钢、50 钢等，综合力学性能较好，用于低速、轻载或中载的一些不重要的齿轮。

合金调制钢，如 40MnB、40Cr、45Cr 等，综合力学性能更好，适用于中速、中载及精度要求较高的齿轮。

合金渗碳钢，如 20Cr、20CrMnTi 等，适用于高速、重载或有冲击载荷的齿轮。

齿轮材料的选择应考虑如下原则：

1）齿轮材料必须满足工作条件的要求。

2）应考虑齿轮尺寸的大小、毛坯成形方法及热处理和制造工艺。

2．热处理方法的确定

45 钢可进行调制或表面淬火处理；40Cr 可进行调制或表面淬火处理，且热处理变形小；20Cr、20CrMnTi 可进行渗碳淬火或液体碳氮共渗处理，齿面硬度可达 58HRC 以上，且心部有较高韧性。

任务二　齿轮零件的测量

齿轮零件尺寸的测量主要是指确定齿轮参数，如模数、齿数、压力角、分度圆直径、齿顶圆直径和齿宽等；对于带孔、键槽、矩形花键、渐开线花键的齿轮或齿轮轴，则还要确定内、外直径和键槽大小。齿轮测量常选用普通游标卡尺、游标齿厚卡尺、内外径千分尺和公法线千分尺作为测量工具。

一、尺寸的测量

（1）齿数 z　齿数 z 的确定很简单，依次数出即可。若 $z<17$，应该考虑齿轮的变位。

（2）齿顶圆直径 d_a，齿根圆直径 d_f 的测量　准确数出齿轮齿数 z，当 z 为偶数时，可直接用精密游标卡尺或千分尺在不同的径向方位上测量 d_a 和 d_f 几组数据，取平均值。

当 z 为奇数时，不能直接测出齿顶圆直径，可先测得 D_a 和 D_f 值（图 4-5），通过公式计算求得齿顶圆直径 d_a 为

$$d_a = D_a \sec\left(\frac{90°}{z}\right) \qquad d_f = D_f \sec\left(\frac{90°}{z}\right)$$

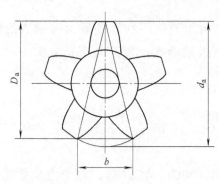

图 4-5　尺寸的测量

（3）模数 m 和压力角 α 的测定

1）压力角：标准齿轮 $\alpha=20°$，无须测量。

2）模数的确定：可按 d_a 公式导出，即 $m=d_a/(z+2)$，齿数 z 可以首先数出，在测得顶圆的直径 d_a 后，即可计算出模数。模数计算出来后，还必须查表核对，取相近的标准模数，根据标准模数，再计算出轮齿的各基本尺寸。齿轮的其他尺寸可按实物测量。

二、技术要求的确定

1. 齿轮精度的确定

齿轮的精度影响其使用性能和寿命。齿轮的制造精度由运动精度、工作平稳性和齿的接触精度组成。

齿轮传动的基本要求有如下 3 种：

1）传动的准确性；

2）传动的平稳性；

3）载荷分布的均匀性。

不同的齿轮，要求也不同：

1）高速齿轮，侧重传动平稳性；

2）低速重载齿轮，侧重载荷分布均匀性；

3）分度齿轮，侧重传动准确性，且传动侧隙要小。

2．表面粗糙度的确定

轮齿的表面粗糙度 Ra 值一般不低于 1.6μm，高精度的轮齿表面粗糙度 Ra 值为 0.2～0.4μm。

3．齿轮测绘常见问题

1）齿轮常用铸件、锻件毛坯，在测绘时不能忽略零件上的铸造圆角、锻造圆角等工艺结构。

2）对被测齿轮孔径和键槽尺寸是否属于标准系列的尺寸判别不准确。齿轮零件上这些结构的尺寸与标准件、通用件有关，测绘时需要与标准值核对并做规范处理。

3）齿轮参数测量方式不对，误差过大，齿轮零件的齿形参数难以测定。测量齿顶圆直径时应多测几个数据，以保证最后确定的齿轮参数的准确性。

任务三　齿轮零件图的绘制

一、绘制齿轮零件草图

1．确定零件的视图表达方案

齿轮由齿形、孔、键槽等结构组成，根据零件的结构特点，采用两个视图和齿轮参数表格就可以反映零件的全貌。

2．选择图纸，确定比例，定位布局

根据零件大小可选择 A4 图纸，选定 1:1 比例。在图纸上适当的地方，定出各个视图的位置，徒手画出主视图的中心线及左视图的中心线、齿端基准线。注意留出尺寸标注和标题栏所占的空间。

3．目测比例，徒手画出零件的内、外结构形状

按由粗到细、由主体到局部的顺序，画出各个视图的主要轮廓和零件内、外部结构，逐步完成各个视图的底稿，列出齿轮的基本参数。

二、绘制齿轮零件图

对绘制好的齿轮草图进行审核和整理：完善表达方案、检查尺寸标注及布置的合理性、核对技术要求，尽量做到标准化和规范化。选择比例、确定图幅，最终画出零件图，如图 4-6 所示。

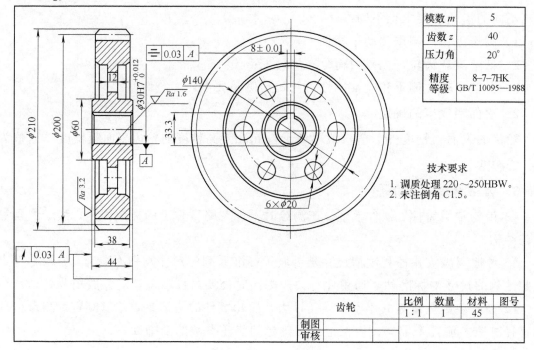

模数 m	5
齿数 z	40
压力角	20°
精度等级	8–7–7HK GB/T 10095—1988

技术要求

1. 调质处理 220～250HBW。
2. 未注倒角 C1.5。

齿轮		比例	数量	材料	图号
		1:1	1	45	
制图					
审核					

图 4-6　齿轮零件图

项目五 端盖类零件的测绘

任务一 认识端盖类零件

一、端盖类零件的作用

端盖类零件是机器上的常见零件，如电动机、水泵、减速器的端盖等，如图 5-1 所示。端盖类零件通常都有一个底面作为同其他零件靠紧的重要结合面，多用于密封、压紧和支承。

图 5-1　端盖类零件

二、端盖类零件的结构

1. 端盖类零件的主体结构

端盖类零件一般为回转体或其他几何形状的扁平的盘状体（平板型），厚度方向的尺寸比其他两个方向的尺寸小，其上常有凸台、凹坑、螺纹孔、销孔等局部结构。为便于安装紧固，沿圆周均匀分布有螺栓孔或螺纹孔。

2. 端盖类零件的铸造工艺结构

该类零件的毛坯通常为铸件，常见的铸造工艺结构有如下几种。

（1）铸件的最小壁厚　铸件壁厚受金属溶液流动性及浇注温度的限制。为了避免金属溶液在充满砂型之前凝固，一般铸件壁厚不小于表 5-1 所列数值。

表 5-1　铸件最小壁厚　　　　　　　　　　　　　　（单位：mm）

铸 造 方 法	铸 件 尺 寸	铸 钢	灰 铸 铁	球 墨 铸 铁
砂型	～200×200	8	6	6
	>200×200～500×500	10～12	6～10	12
	>500×500	15～20	15～20	—

铸件壁厚要均匀。浇注零件时，为了避免因各部分冷却速度不同而产生缩孔或裂纹，铸件壁厚应保持大致相等或逐渐过渡，如图 5-2 所示。

（2）内、外壁与肋的厚度　为了便于铸件均匀冷却，避免铸件因铸造应力而变形、开裂，内、外壁与肋的厚度应依次减薄，顺次相差 20% 左右，如图 5-3 所示。

（3）铸造斜度（起模斜度）　铸造零件的毛坯时，为了便于从铸型中取出模样，一般沿模样起模方向做成约为 1:10～1:20 的斜度（3°～6°），称起模斜度。

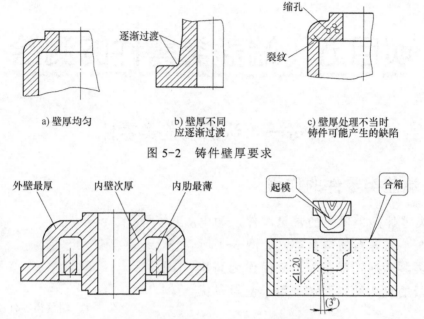

a) 壁厚均匀　　　　　b) 壁厚不同　　　　c) 壁厚处理不当时
　　　　　　　　　　　应逐渐过渡　　　　铸件可能产生的缺陷

图 5-2　铸件壁厚要求

图 5-3　铸件内、外壁与肋的厚度要求

如对零件的起模斜度无特殊要求，图中可不必画出。

（4）铸造圆角　在铸件毛坯各表面的相交处，都有铸造圆角，这样既能方便起模，又能防止浇注铁液时将砂型转角处冲坏，还可避免铸件在冷却时产生裂纹或缩孔，如图 5-4 所示。

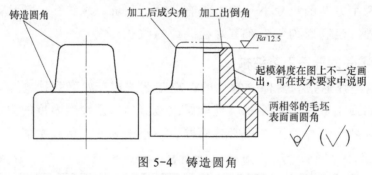

图 5-4　铸造圆角

（5）铸造工艺注意事项　为利于造型，起模方向不宜有内凹的地方，如图 5-5 所示。

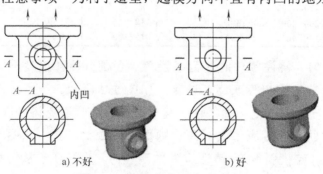

a) 不好　　　　　　　　b) 好

图 5-5　起模方向不宜有内凹

零件结构宜尽量简单、紧凑，以节省制造模型的工时，减少耗材、降低成本，如图 5-6 所示。

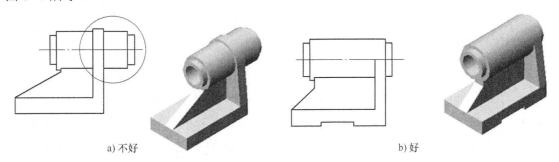

a) 不好　　　　　　　　　　　　　　　　　b) 好

图 5-6　铸造零件结构要求

三、端盖类零件的视图选择

1）端盖类零件的机械加工以车削为主，主视图一般以加工位置作为主视图。但有些较复杂的端盖，因加工工序较多，主视图也可按形状特征和工作位置画出。

2）端盖类零件一般需要两个基本视图。主视图作剖视，根据结构特点，具有对称面时可作半剖视，无对称面时可作全剖或局部剖视。根据结构形状及位置再选用一个左视图（或右视图）来表达其外形和安装孔的分布情况，如图 5-7 所示。

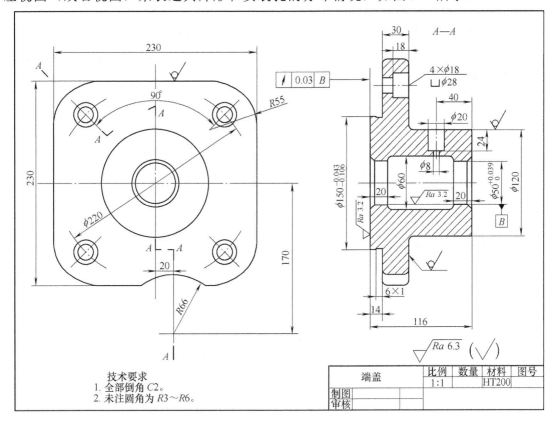

图 5-7　端盖零件图

任务二　端盖类零件的尺寸及测量

一、端盖类零件的尺寸

端盖类零件的尺寸一般为两大类：轴向尺寸及径向尺寸。径向尺寸的主要基准是中心线，轴向尺寸的主要基准是重要的安装端面或定位端面（配合或接触表面）。定形和定位尺寸都较明显，尤其是在圆周上分布的小孔的定位圆直径是这类零件的典型定位尺寸。多个小孔一般采用均布即等分圆周的形式，例如 4 个 $\phi18$mm 均布的孔，用 "4× ϕ18 EQS" 的形式标注。角度定位尺寸不必标注。内外结构形状尺寸应分开标注。

二、端盖类零件的测量

1）配合孔或轴的尺寸要用游标卡尺或千分尺测量出圆的直径，再查表选用符合国家标准推荐的公称尺寸系列，如轴、轴孔、销孔尺寸、键槽尺寸等。

2）测绘零件上的曲线轮廓时，可用拓印法、铅丝法或坐标法获得其尺寸。

拓印法：测量平面曲线的曲率半径时，可用纸拓印其轮廓得到如实的平面曲线，然后判定各圆弧的连接情况，用三点定心法确定各圆的半径，如图 5-8 所示。

铅丝法：测量回转面（素线为曲线）零件时，可用铅丝沿素线弯成实形得到其素线实样，如图 5-9 所示。

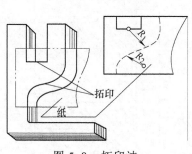

图 5-8　拓印法

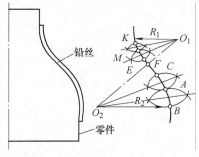

图 5-9　铅丝法

坐标法：一般的曲线和曲面可用直尺和三角板确定曲线（面）上一些点的坐标，通过坐标值确定其曲线（面），如图 5-10 所示。

3）测量各安装孔直径，并且确定各安装孔的中心定位尺寸。当零件上有辐射状均匀分布的孔时，一般应测出各孔中心所在的定位圆直径。

均布孔为偶数时，定位圆直径的测量与测量两孔中心距的方法相同。

均布孔为奇数时，若在定位圆的圆心处有一同心圆孔，可用两不等孔径中心距的测量方法测量 $D=2A$，如图 5-11 所示。

若均布孔为奇数，而在其中心处又无同心孔，可用间接方法测得，量出尺寸 H 和 d，根据孔的个数算出 α，如图 5-12 所示，图中 $\alpha=60°$，$\sin\alpha=H+d/D$。

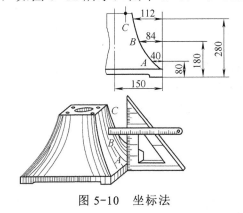

图 5-10　坐标法

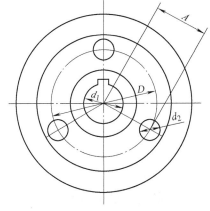

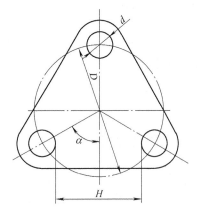

图 5-11　定位圆直径的测量与计算（a）　　　　图 5-12　定位圆直径的测量与计算（b）

4）一般性的尺寸如轴向尺寸可直接测量。

5）标准件尺寸，如螺纹、销孔等测出尺寸后还要查表确定标准尺寸。工艺结构尺寸如油封槽、倒角等，要按照通用标注方法标注。

6）有配合要求或用于轴向定位的表面，其表面粗糙度和尺寸精度要求较高，端面与中心线之间常有几何公差要求。

任务三　端盖类零件的绘制

下面以球阀阀盖为例，说明端盖类零件的绘制过程。

一、了解和分析测绘对象

首先应了解零件的名称、材料以及它在机器（或部件）中的位置、作用和与相邻零件的关系，然后对零件的内外结构进行分析。

阀盖（球阀的阀盖）属于端盖类零件，主要在车床上加工。左端有外螺纹 M36×2 连接管道；右端有 75mm×75mm 的方形凸缘，它与阀体的凸缘相结合，钻有 4×ϕ14mm

的圆柱孔，以便与阀体连接时，安装 4 个螺柱。此外，阀盖上的铸造圆角、倒角等，是为了满足铸造、加工的工艺要求而设置的。

二、确定表达方案

先根据显示形状特征的原则，按零件的加工位置或工作位置确定主视图，再按零件的内外结构特点选用必要的其他视图或剖视图等表达方法。经过比较，最后选择最佳表达方案。阀盖结构不太复杂，故视图选择并不困难。

三、画零件草图

步骤如下：

1）徒手画出各主要视图的作图基准线，确定各视图的位置，注意留出标注尺寸、技术要求和标题栏的位置；

2）目测尺寸，详细画出零件的内、外结构形状；

3）画剖面线，画全部尺寸界线、尺寸线和箭头；

4）逐个测量并标注尺寸；

5）拟定技术要求；

6）检查，填写标题栏，完成草图。

四、画零件图

零件图的绘制步骤如图 5-13 所示。

图 5-13a：在图纸上定出各视图的位置，画出主、左视图的对称中心线和作图基准线。布置视图时，要考虑到各视图间留有标注尺寸的位置。

图 5-13b：按比例详细地画出零件的结构形状。

图 5-13c：选定尺寸基准，按正确、完整、清晰以及尽可能合理地标注尺寸的要求，画出全部尺寸界线、尺寸线和箭头。经仔细校核后，按规定线型将图线加深。

图 5-13d：逐个量注尺寸，标注技术要求和标题栏。

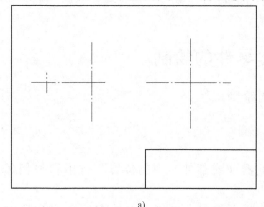

a)

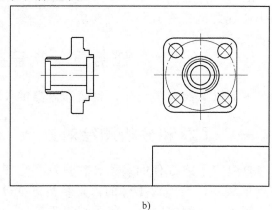

b)

图 5-13 阀盖零件图

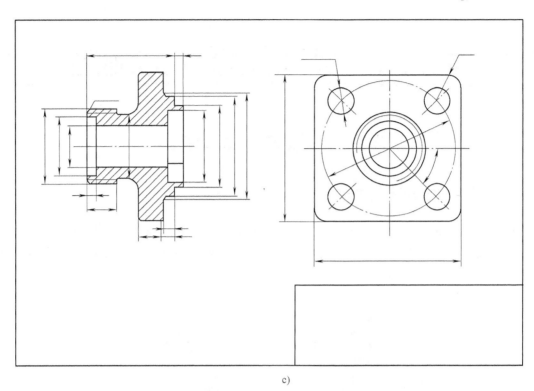

c)

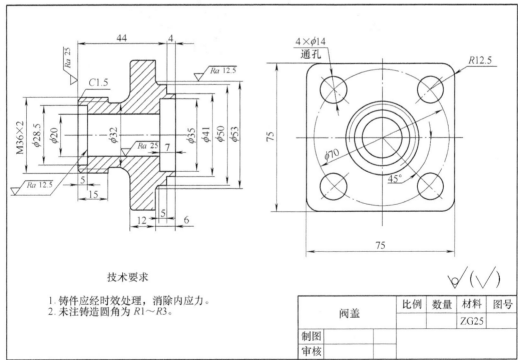

技术要求

1. 铸件应经时效处理，消除内应力。
2. 未注铸造圆角为 *R*1～*R*3。

	比例	数量	材料	图号
阀盖				
			ZG25	
制图				
审核				

d)

图 5-13　阀盖零件图（续）

项目六　叉架类零件的测绘

任务一　认识叉架类零件

一、叉架类零件的作用

叉架类零件包括支架、拨叉、连杆、轴承座及杠杆等，它们的结构一般比较复杂，常带有安装板、支承板、支承孔、肋板及安装用螺纹孔等结构，主要用于支承传动轴及其他零件，如图6-1所示。

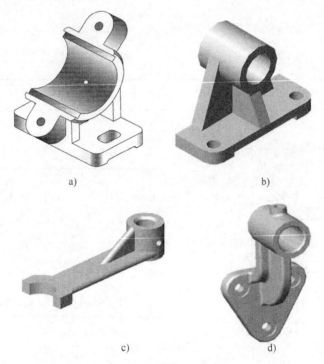

a)   b)

c)   d)

图 6-1　叉架类零件

二、叉架类零件的结构特征

叉架类零件的毛坯形状比较复杂，一般需经过铸造和切削加工等多道工序，具有铸（锻）造圆角、起模斜度等结构。

叉架类零件一般由3部分构成：支承部分、工作部分和连接部分。支承部分和工作部分细部结构较多，如圆孔、螺纹孔、油槽、油孔、凸台和凹坑等；连接部分多为肋板结构，且形状弯曲、扭斜的较多。叉架类零件的结构如图6-2所示。

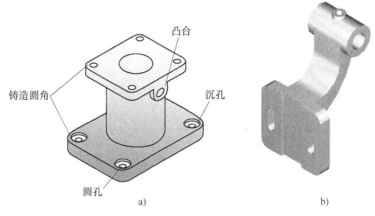

图 6-2 　叉架类零件结构

三、叉架类零件的视图选择

叉架类零件的表达方案如下。

1）由于叉架类零件的结构形状比较复杂，且加工工序多，因而确定主视图时一般以自然放置、工作位置或最能反映零件结构形状的方向作为主视方向。

2）零件的主要外形常常需要两个或两个以上的基本视图来表达；根据具体结构增加斜视图或局部视图；用斜剖等方法作全剖视图或半剖视图表达内部结构；对于局部细节，如螺栓孔、肋板等可采用局部剖视图、断面图和局部视图等表达。叉架类零件的零件图如图6-3、图6-4所示。

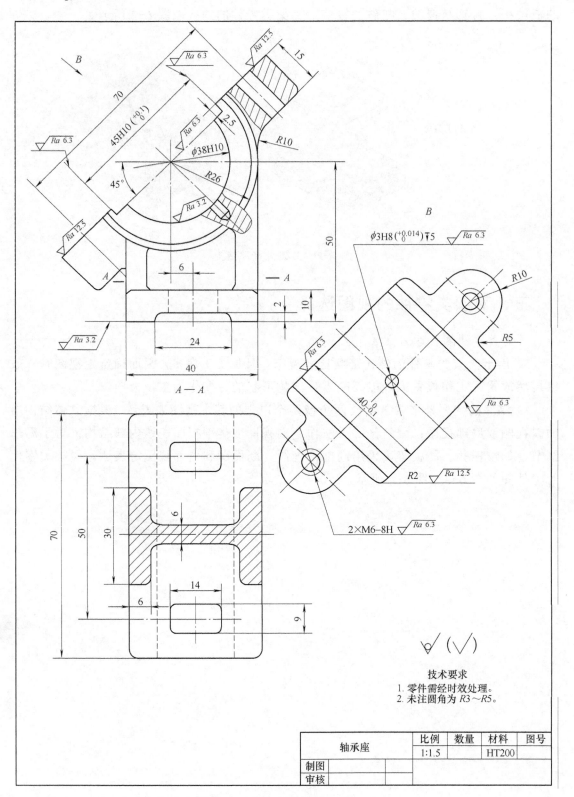

技术要求
1. 零件需经时效处理。
2. 未注圆角为 R3～R5。

轴承座	比例	数量	材料	图号
	1:1.5		HT200	
制图				
审核				

图 6-3 叉架类零件图（一）

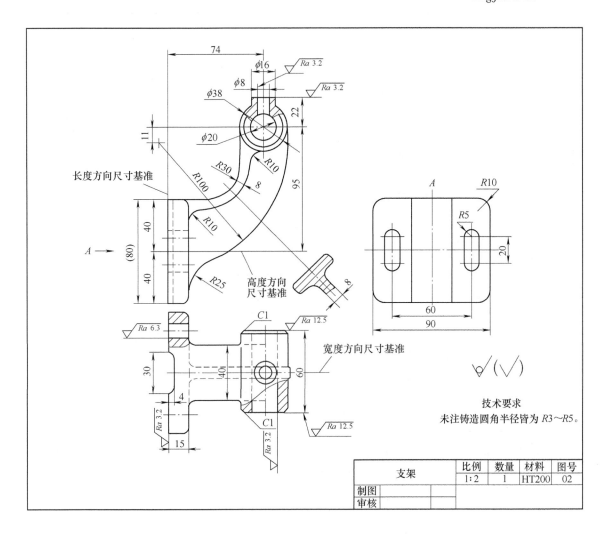

图 6-4　叉架类零件图（二）

任务二　轴承座的尺寸及测量

一、轴承座的尺寸

1．尺寸基准的选择

零件的长、宽、高三个方向的尺寸基准一般选用安装基准面、零件的对称面、孔的中心线和较大的加工平面，如图 6-5 所示。左右对称平面为长度方向的主要尺寸基准，前后对称平面为宽度方向的尺寸基准，高度方向的尺寸主要基准是轴承座的底面。

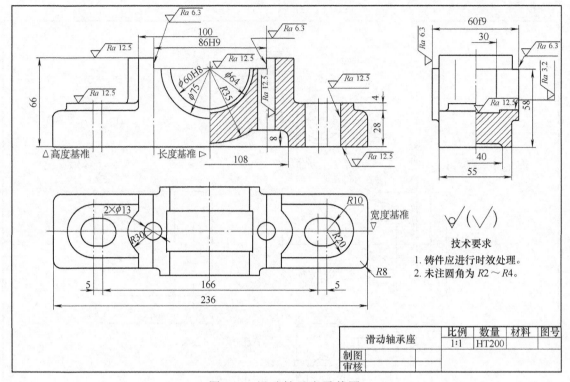

图 6-5 滑动轴承座零件图

2. 尺寸注法

标注尺寸时应先按形体分析法,将零件划分为几个部分,先标注定形尺寸。定位尺寸一般要标注孔的中心线之间的距离,或孔的中心线到平面的距离,或平面到平面的距离。此外,由于这类零件的圆弧连接较多,所以应给出已知圆弧与中间圆弧的定位尺寸。

二、测量工具及其应用

1. 常用的测量工具

常用的测量工具如图 6-6、图 6-7 所示。

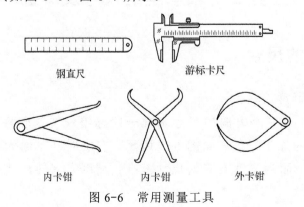

图 6-6 常用测量工具

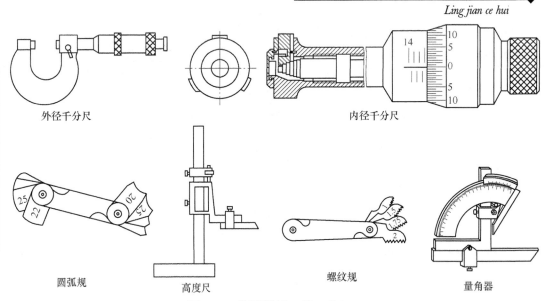

外径千分尺　　　　　　　　　　　　　内径千分尺

圆弧规　　　　　高度尺　　　　　螺纹规　　　　量角器

图 6-7　常用测量工具（续）

2．长度尺寸的测量

长度尺寸可使用钢直尺测量，如图 6-8 所示。

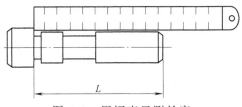

图 6-8　用钢直尺测长度

3．直径尺寸的测量

直径尺寸可使用内、外卡钳，游标卡尺或外径千分尺测量，如图 6-9～图 6-13 所示。

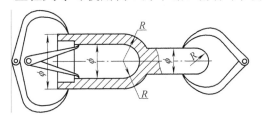

图 6-9　用内外卡钳测直径（一）

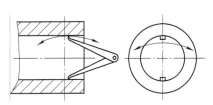

图 6-10　用内外卡钳测直径（二）

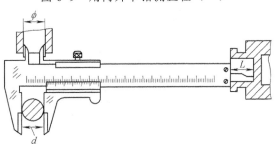

图 6-11　用游标卡尺测直径

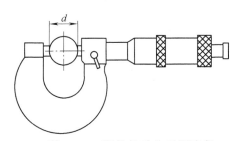

图 6-12　用外径千分尺测直径

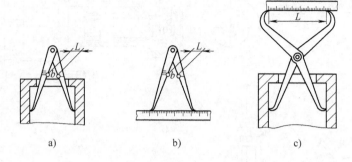

图 6-13　测量内径的特殊方法

4．深度及壁厚尺寸的测量

测量深度和壁厚的方法如图 6-14 所示。

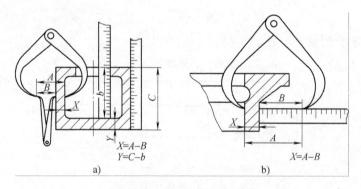

图 6-14　测量深度和壁厚

5．测量孔距

孔距的测量可参考项目五的任务二。

6．测量中心高

测量中心高的方法如图 6-15 所示。

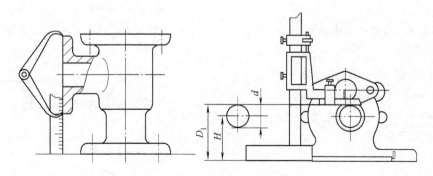

图 6-15　测量中心高

7．测量圆弧

测量圆弧的方法如图 6-16 所示。

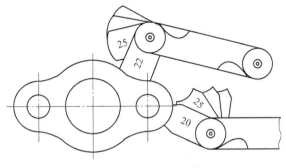

图 6-16　测量圆弧

8．测量曲线、曲面

平面曲线可用纸拓印其轮廓，再测量其形状、尺寸。

任务三　轴承座的绘制

一、零件结构分析

为了把被测零件准确完整地表达出来，应先对被测零件进行认真地分析，了解零件的类型、在机器中的作用、所使用的材料及加工方法。

轴承座的结构如图 6-17 所示。轴承盖和轴承座通过止口的侧面定位，止口的侧面是一个配合尺寸，轴承座的槽相当于孔，轴承盖的凸台相当于轴。轴承盖的内孔和轴承座的内孔要一起加工，所以座和盖的轴孔虽是半圆孔，却要按整孔处理。

另外，轴承孔的端面卡在上下轴瓦的两轴肩之间，是一个配合尺寸，轴瓦轴肩之间的轴向尺寸相当于孔，轴承盖的两端面之间的尺寸相当于轴。

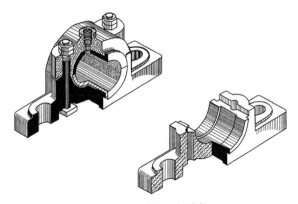

图 6-17　轴承座结构

二、表达方案

关于零件的表达方案，前面已经讨论过。需要重申的是，一个零件，其表达方案并非是唯一的，可多考虑几种方案，从中选择最佳方案。

三、绘制零件草图

1）确定绘图比例并定位布局。根据零件大小、视图数量、现有图纸大小，确定适当的比例。粗略确定各视图应占的图纸面积，在图纸上作出主要视图的作图基准线、中心线。注意留出标注尺寸和画其他补充视图的地方。

2）详细画出零件内外结构和形状，检查、加深有关图线。注意各部分结构之间的比例应协调。

3）将零件的尺寸界线、尺寸线全部画出，然后集中测量、注写各个尺寸。注意不要遗漏、重复或注错尺寸。

4）注写技术要求。确定表面粗糙度，确定零件的材料、尺寸公差、几何公差及热处理等要求。

5）最后检查、修改全图并填写标题栏，完成草图，如图 6-18 所示。

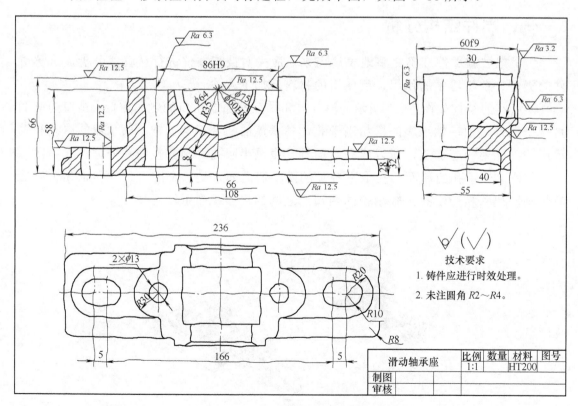

图 6-18　滑动轴承座零件草图

四、绘制零件图

绘制零件草图时，往往受某些条件的限制，有些问题可能处理得不够完善。一般应将零件草图整理、修改后画成正式的零件图，经批准后才能投入生产。

在画零件图时，要对草图进一步检查和校对，对于零件上的标准结构，要查表并正确注出尺寸。最后用仪器或计算机画出零件图，如图 6-19 所示。

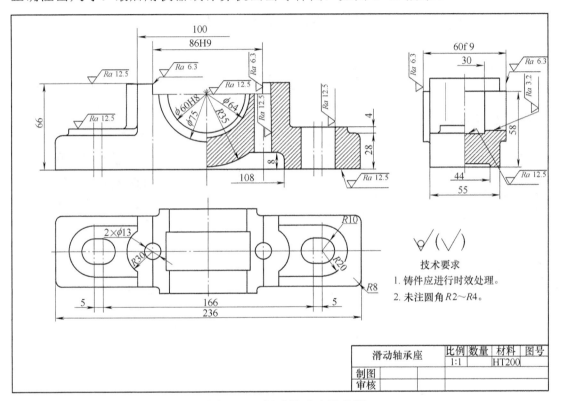

滑动轴承座	比例	数量	材料	图号
	1:1		HT200	
制图				
审核				

技术要求
1. 铸件应进行时效处理。
2. 未注圆角 R2～R4。

图 6-19　滑动轴承座零件图

项目七　箱体类零件的测绘

任务一　箱体类零件的结构及表达方法

一、箱体类零件的作用和结构特点

1．箱体类零件的作用

箱体类零件是机器或部件的基础零件，它将机器或部件中的轴、套、齿轮等有关零件组装成一个整体，使它们之间保持正确的相对位置，并按照一定的传动关系协调地传递运动或动力，如图7-1所示。

2．箱体类零件的结构特点

箱体类零件常用薄壁围成不同的空腔，箱体上还常有支承孔、凸台、放油孔、安装底板、肋板、销孔、螺纹孔和螺栓孔等结构，如图7-2所示。

主视

图7-1　箱体类零件

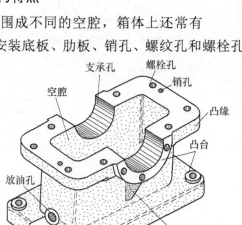

空腔　支承孔　螺栓孔　销孔

凸缘

凸台

放油孔

肋板

凹槽　安装底板

图7-2　箱体类零件的结构特点

箱体的结构形式虽然多种多样，但仍有共同的主要特点：形状复杂，壁薄且不均匀，内部呈腔形；加工部位多，加工难度大，既有精度要求较高的孔系和平面，也有许多精度要求较低的紧固孔。

箱体类零件多为铸造件，具有许多铸造工艺结构，如铸造圆角、铸件壁厚、起模斜度、箱体底面上的凹槽结构、铸件上的凸台和凹坑结构等。

二、箱体类零件的表达方法

1．主视图的选择

箱体类零件多数经过较多工序加工而成，各工序的加工位置不尽相同。在确定主视图时，一般选择工作位置或自然安放位置和最能反映其各组成部分形状特征及相对位置的方向作为主视图的投影方向。

2．其他视图的选择

主视图确定后，根据零件的具体情况，合理、恰当地选择其他视图。在完整、清晰地表达零件的内、外结构形状的前提下，应尽量减少视图数量。通常采用通过主要支承孔中心线的剖视图表达零件的内部结构，利用其他视图表达外部形状。选用其他视图时，应根据实际情况采用适当的剖视图、断面图、局部视图和斜视图等多种辅助视图，以清晰地表达零件的内外结构。

箱体上的一些局部结构，如螺纹孔、凸台及肋板等，可采用局部剖视图、局部视图和断面图等表达。传动器箱体零件图如图 7-3 所示。

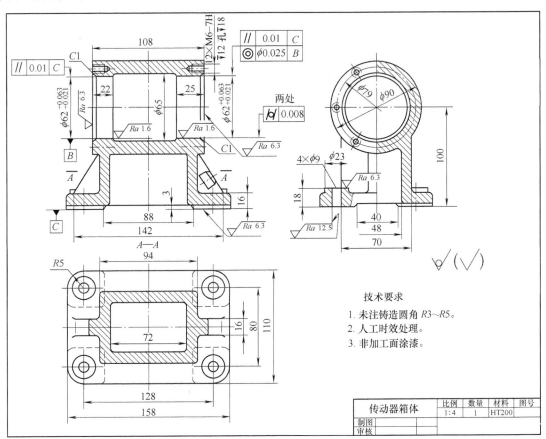

图 7-3　传动器箱体零件图

任务二 箱体类零件的尺寸及测量

一、测量尺寸的方法

（1）测量直线尺寸 直线尺寸一般可用钢直尺或游标卡尺直接量取，如图7-4所示。

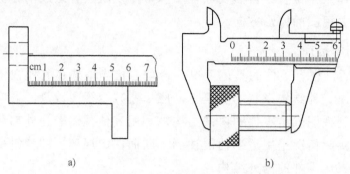

a)

b)

图 7-4 测量直线尺寸

（2）测量回转体的直径 外圆面和内孔一般可用游标卡尺或千分尺直接测量。对于外小里大的阶梯孔回转面，则可用卡钳和钢直尺组合进行测量，如图7-5所示。

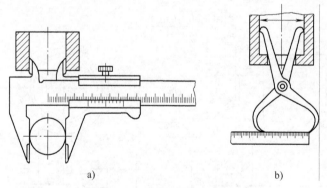

a)

b)

图 7-5 测量回转体直径

（3）测量壁厚 壁厚可用钢直尺或游标卡尺直接测量，也可用内、外卡钳测量，如图7-6所示。

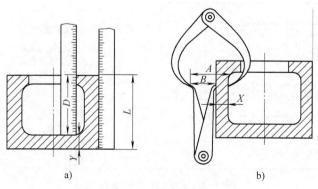

a)

b)

图 7-6 测量壁厚

（4）测量孔间距和中心高　孔间距和中心高可用内、外卡钳和钢直尺组合测量，如图 7-7 所示。

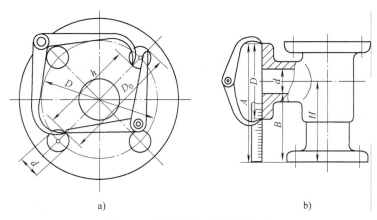

a)　　　　　　　　　　　　　　b)

图 7-7　测量孔间距和中心高

（5）测量圆角　测量圆角可用半径样板，测量时，找出与被测圆角完全吻合的一片，读取该片上的数字就得到被测圆角半径的大小，如图 7-8 所示。

（6）测量螺距　测量螺距可用螺纹样板，如图 7-9 所示。

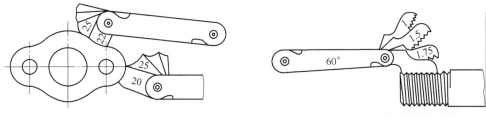

图 7-8　测量圆角半径　　　　　　　　图 7-9　测量螺距

（7）测量曲线和曲面　测量曲线和曲面可用以下方法。

1）拓印法：测量平面曲线的曲率半径时，可用纸拓印其轮廓得到如实的平面曲线，然后判定各圆弧的连接情况，用三点定心法确定各圆的半径，如项目五的图 5-8 所示。

2）铅丝法：测量回转面（素线为曲线）零件时，可用铅丝沿素线弯成实形得到其素线实样，如项目五的图 5-9 所示。

3）坐标法：一般的曲线和曲面可用钢直尺和三角板确定曲线（面）上一些点的坐标，通过坐标值确定其曲线（面），如项目五的图 5-10 所示。

二、测量尺寸的注意事项

1）零件上的重要尺寸应精确测量，并进行必要的计算、核对，不能随意圆整。

2）有配合关系的尺寸一般只测出其公称尺寸，再依据其配合性质，从极限偏差表中查出极限偏差值。

3）零件上损坏或磨损部分的尺寸，应参照相关零件和资料进行确定。

4）零件上的螺纹、倒角、键槽、退刀槽、螺栓孔、锥度、中心孔等，应将测量尺寸按有关标准圆整。

任务三　箱体类零件的绘制

一、零件结构分析

以座体零件为例说明，如图 7-10 所示。

该座体属于形状较复杂的箱体零件，基本构成是安装底板和轴承孔座以及两者之间支承端板和中间的支承肋板 3 部分。

该座体尺寸较多，其长度方向尺寸基准为左端面，高度方向尺寸基准为底面，而宽度方向尺寸基准为前后对称面。

图 7-10　座体立体图

两端轴承孔尺寸 $\phi80k7\times40$mm，4 个安装沉孔定位尺寸 155mm×150mm，6 个安装螺纹孔的定位尺寸 $\phi98$ mm，底板定形尺寸 200mm×190 mm×18mm、定位尺寸 10mm，支承端板和支承肋板厚均为 15mm。

二、表达方案

主视图按工作位置确定；采用较大的局部剖视主要表达安装轴承的结构和两端安装端盖的螺纹孔；左视图表达对称的外形和端面螺纹孔的分布，下方采用局部剖表达支承肋板和两端支承板的形状；俯视图选择局部视图，表达安装底板形状及安装沉孔的位置。

三、绘制草图

徒手画出各主要视图的作图基准线，确定各视图的位置，注意留出标注尺寸、技术要求、标题栏的位置。

目测尺寸，详细画出零件的内、外结构形状；零件上的缺陷，如破旧、磨损、砂眼、气孔等不应画出。

画出剖面线、全部尺寸界线、尺寸线和箭头。

逐个测量并标注尺寸。

拟定技术要求。

填写标题栏，完成草图。

四、用 CAD 软件绘制零件图

画零件图之前，要对草图进行审核，检查尺寸标注、技术要求等是否做到标准化、规范化。最后用 CAD 软件绘制零件图，如图 7-11 所示。

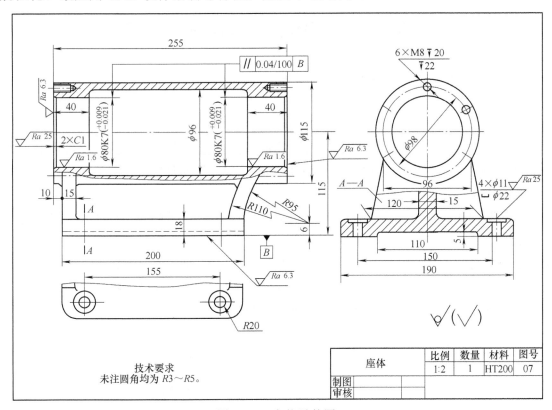

图 7-11　座体零件图

项目八 典型装配体的测绘

任务一 装配体的工作原理与拆卸

一、齿轮泵的工作原理与拆卸

1．齿轮泵的工作原理

齿轮泵是各种机械润滑系统和液压系统的供油装置，主要用于低压或噪声水平限制不严的场合。齿轮泵从结构上可分为外啮合和内啮合两大类，其中外啮合齿轮泵应用更广泛。

齿轮泵的工作原理如图 8-1 所示。当电动机带动主动齿轮轴逆时针方向转动时，一对齿轮在泵体里作高速啮合传动，从啮合区的吸油口吸入空气，由于轮齿的相互啮合、脱开，齿间容积增大，压力降低而产生局部真空，油池内的油在大气压的作用下进入油泵低压区内的吸油口，随着齿轮的转动，一个个齿槽中的油液不断地沿着出油口的方向被带到排出腔将油压出，并输送到机器中需要冷却或润滑的地方。

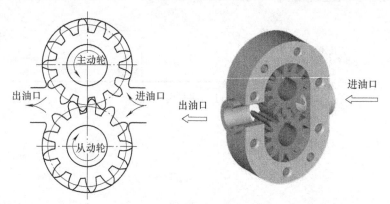

图 8-1 齿轮泵工作原理

2．齿轮泵的拆卸

齿轮泵的装配关系如图 8-2 所示。

齿轮泵的拆卸顺序如下：用 L 型内六角螺丝刀将齿轮泵上的螺钉全部取下来。把齿轮泵拆分成 3 部分：左端盖、泵体、右端盖。

泵体和右端盖已拆分为单个零件了，只需拆分左端盖上的零件。首先拧开齿轮轴上的螺母，然后取下垫圈和传动齿轮，接着再拧下齿轮轴上的压紧螺母，取下密封圈和轴套，最后取下传动齿轮轴，齿轮泵上的零件就全取下来了。

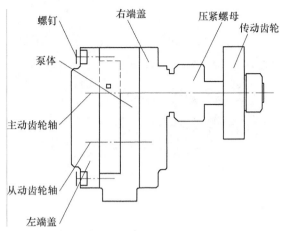

图 8-2　齿轮泵装配关系示意图

在对装配体进行测绘，特别是对使用过的装配体进行测绘时，零件的清洗对提高测量精度、方便测量具有重要的作用，这一点对于轴承、精密配合件、液压元件、密封件以及有特殊清洗要求的零件更为重要。

在一般的装配过程中，零件的清洗工作对提高装配质量、延长产品使用寿命具有重要的意义。清洗工作做得不好，会使轴承发热和过早失去精度；会因为污物和毛刺划伤配合表面，使相对滑动的工作面出现研伤，甚至发生咬合等严重事故；由于油路堵塞，相互运动的零件之间得不到良好的润滑，使零件磨损加快。为此，装配过程中必须认真做好零件的清洗工作。

二、齿轮减速器的工作原理与拆卸

1. 齿轮减速器的工作原理

减速器是指电动机与工作机之间独立封闭的传动装置，用来降低转速并相应地增大转矩。此外，在某些场合，也有用作增速的装置，称为增速器。

减速器的种类很多，若按传动和结构特点来划分，减速器有下述 5 种：

1）齿轮减速器。主要有圆柱齿轮减速器、圆锥齿轮减速器和圆锥—圆柱齿轮减速器。

2）蜗杆减速器。主要有圆柱蜗杆减速器、环面蜗杆减速器和蜗杆—齿轮减速器。

3）行星齿轮减速器。

4）摆线针轮减速器。

5）谐波齿轮减速器。

如图 8-3 所示的二级圆柱齿轮减速器，是通过装在箱体内的两对啮合齿轮的转动，将动力从一轴传至另一轴实现减速的。

图 8-3　二级圆柱齿轮减速器

2．齿轮减速器的拆卸

齿轮减速器的基本结构包括传动零件（齿轮、蜗轮蜗杆）、联接零件（螺栓、键、销）、支承零件（箱体、箱盖）及润滑和密封装置等。

减速器的箱体、箱盖是由几个螺栓联接，先拆下螺栓，将箱盖拿走，里面所有的包容零件便展现出来。再从外向里拆卸两根轴及轴系零件，即可完成拆卸工作。装配时把拆卸顺序倒过来即可。减速器装配示意图如图 8-4 所示。

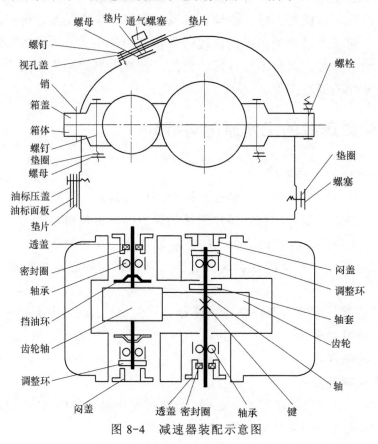

图 8-4　减速器装配示意图

任务二 装配体的测绘

一、装配体测绘的方法和步骤

1．了解测绘对象

测绘前，要对被测绘的装配体进行必要的研究。一般先通过观察来分析该装配体的结构和工作情况，然后查阅有关该装配体的说明书及资料，搞清该装配体的用途、性能、工作原理、结构及零件间的装配关系等，为下一步拆装工作和测绘工作打下基础。

2．拆卸零件

在了解装配体的基础上，依次拆卸各零件，这样可以进一步搞清装配体中各零件的装配关系、结构和作用，弄清零件间的配合关系和配合性质。

3．绘制装配示意图

装配示意图是在装配体拆卸过程中所画的记录图样，它的作用是避免由于零件拆卸后可能产生错乱而给重新装配带来困难。

4．绘制零件草图及零件图

绘制零件草图一般应在测绘现场进行。零件草图是目测比例，徒手画出的零件图，它是实测零件的第一手资料，也是整理装配图与零件图的主要依据。草图不能理解为潦草的图，而必须认真地对待草图的绘制工作。

根据装配示意图和零件草图绘制零件图，注意每个零件的表达方法要合适，尺寸应正确、可靠。零件图技术要求可采用类比法。最后应按规定要求填写标题栏的各项内容。零件图完成后，要把拆开的装配体及时重新装配起来。

5．绘制装配图

根据装配示意图和零件图绘制装配图，这是测绘的主要任务。

装配图不仅要表达出装配体的工作原理和装配关系以及主要零件的结构形状，还要检查零件图上的尺寸是否协调合理。在绘制装配图的过程中，若发现零件图上的形状或尺寸有错，应及时更正后方可画图。装配图画好后必须注明该装配体的规格、性能及装配、检验、安装时的尺寸，还必须用文字说明或用符号标注的形式指明装配体在装配、调试、安装、使用中必要的技术条件。最后应按规定要求填写零件序号和明细栏、标题栏内的各项内容。

在完成上述测绘任务后，对图样进行全面检查、整理，然后设计一张封面并将图样装订成册。

二、绘制零件草图

画零件草图是测绘过程中不可缺少的一项内容，同时也是获得被测绘零件的第一手资料的过程。

1．对零件草图的要求

（1）内容俱全　零件草图应是有完整表达方案的一组图形，包括齐全的尺寸、技术要求标注和标题栏。

（2）目测徒手绘图　画零件草图时只凭目测实际零件形状大小，采用大致比例，用铅笔徒手画出图形（不使用绘图工具，可少量借助绘图工具画底稿，但必须徒手加深）。要先画后测量标注尺寸，切不可边画边测边标注。

（3）图形要清晰工整　零件草图与零件图的区别仅在于前者徒手画，后者用绘图工具画。零件草图的字体、图线、尺寸注法、技术要求、标题栏等项内容均应符合机械制图基本要求。

（4）表达方式要一致　零件草图所采用的表达方法、内容和要求与零件图要一致。

2．画零件草图的步骤

（1）了解分析零件

1）在拆卸前和拆卸过程中初步了解分析零件的基础上，具体画某一零件时，应进一步认清零件的名称、功用以及它在装配体中的位置和装配、连接关系。

2）明确零件的材料、牌号。

3）对零件进行结构分析，凡属标准结构要素应测量后查阅有关标准，取标准尺寸。

4）对零件进行工艺分析，分析其具体制造方法和加工要求，以便较合理地确定尺寸公差、几何公差、表面粗糙度和热处理工艺等一系列技术要求。最主要的是要会区分加工面与非加工面、接触面与非接触面、配合面与非配合面以及配合的基准制、配合种类和公差等级的高低取向、表面粗糙度参数值的高低取向。

（2）确定零件表达方案

1）选择主视图，应遵循不同典型零件视图选择的原则，根据零件的具体结构形状特点来确定。

2）选择其他视图，要依照既要表达充分，又要避免重复的原则，综合确定表达方案。

（3）画零件草图

1）根据零件的总体尺寸和大致比例，确定图幅；画边框线和标题栏；确定表达方案，布置图形，定出各视图的位置，画主要轴线、中心线或作图基准线。布置图形还要考虑各视图间应留有足够位置标注尺寸。

2）目测徒手画图。根据所确定的表达方案，先画零件主要轮廓，再画次要轮廓和细节，每一部分都应几个视图对应起来画，逐步画出零件的全部结构形状。

3）仔细检查，不要漏画细部结构，如倒角、圆角等。然后擦去多余的线，再按规定的线型加深；画剖面线，确定基准，依次画出所有的尺寸界线、尺寸线和箭头。

4）测量零件尺寸，查阅有关标准并核对标准结构尺寸，并逐个填写尺寸数字，注写零件表面粗糙度代号及其他技术要求，填写标题栏，完成零件草图的全部工作。

零件草图的例子如图 8-5 轴承盖和图 8-6 齿轮轴零件草图所示。

（4）标准件　对于标准件，只需测得几个主要尺寸，就可以从相关标准中确定其规格标记。

（5）画零件草图时的注意事项

1）注意保持零件各部分的比例关系以及它们间的投影关系。

2）注意选择比例，视图之间留出标注尺寸的位置。

3）零件的制造缺陷，如刀痕、砂眼、气孔及长期使用造成的磨损，不必画出。

4）零件上因制造、装配需要的工艺结构，如倒角、倒圆、退刀槽、越程槽、铸造圆角、凸台和凹坑等，必须画出。

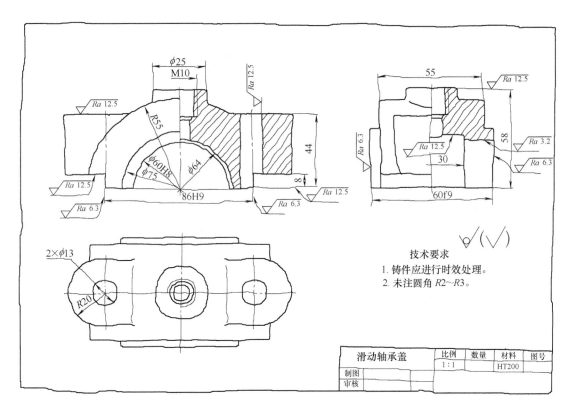

图 8-5　滑动轴承盖的零件草图

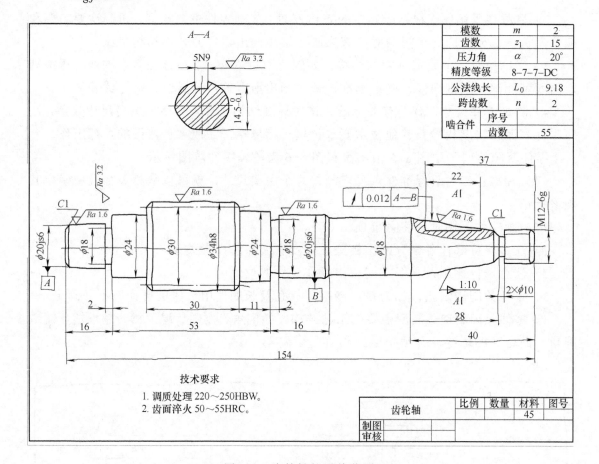

图 8-6　齿轮轴的零件草图

任务三　装配图的绘制

画装配图的步骤与画零件图的步骤相似，主要的不同点就是画装配图时要从整个装配体的结构特点、工作原理出发，确定合理的表达方案。本任务内容所介绍的是通过装配体测绘后的装配图的绘制，因此，绘制装配图前，要将绘制好的装配示意图和零件草图等资料进行分析、整理，对所要绘制部件的工作原理、结构特点及各零件间的装配关系做更进一步的了解，拟定表达方案和绘图步骤，最后完成装配图的绘制。

下面以减速器为例，介绍画装配图的方法和步骤。

一、了解装配关系

减速器主要由机座、机盖、轴、齿轮轴、齿轮、端盖和一些标准件组成。在看懂零件结构形状的同时，应了解各零件之间的相互位置及连接关系。

二、了解工作原理

减速器的工作原理：当齿轮轴（小齿轮）旋转时，带动从动齿轮（大齿轮）旋转，由于传动比 $i_{13}=n_1/n_3=z_2z_3/z_1z_2=z_3/z_1$，因此获得减速。

三、拟定表达方案

1．装配图的主视图选择

1）一般将装配体按工作位置或习惯位置放置。

2）主视图选择应能尽量反映出装配体的结构特征，即装配图应以工作位置和清楚反映主要装配关系、工作原理、主要零件的形状的那个方向作为主视图方向。

2．其他视图的选择

其他视图主要是补充主视图的不足，进一步表达装配关系和主要零件的结构形状。其他视图的选择应考虑以下几点：

1）分析还有哪些装配关系、工作原理及零件的主要结构形状还没有表达清楚，从而选择适当的视图及相应的表达方法。

2）尽量采用基本视图，并在基本视图上作剖视来表达有关内容。

3）合理布置视图，使图形清晰，便于看图。

根据减速器的结构状况，选择减速器的工作位置作为主视图，能反映其结构特征和机座、机盖的结构形状；俯视图反映减速器工作原理、主要装配关系；左视图反映减速器的外形。

四、画装配图

根据拟定的表达方案，即可按以下步骤绘制装配图。

1．选择比例、确定图幅、布置视图

根据装配体的大小、复杂程度和表达方案，选取适当的绘图比例和图纸幅面。布置视图时，要注意留出标注尺寸、编序号、明细栏和标题栏以及写技术要求的位置。在以上工作准备好后，即可画图框、标题栏、明细栏。

2．画基准线

画各视图的主要轴线、中心线和定位基准线，并注意各视图之间留有适当间隔，以便标注尺寸和进行零件编号，如图 8-7 所示。

3．从主要装配干线入手画装配图

从传动齿轮开始，由里向外画，逐一画出该干线上的每个零件，逐步延伸。几个基本视图要相互配合进行，直至完成全部视图底稿，底稿用细实线画出，如图 8-8、图 8-9 所示。

4．完成装配图

校核底稿，进行图线加深，画剖面线、尺寸界线、尺寸线和箭头；编注零件序号，注写尺寸数字，填写标题栏和技术要求。如图 8-10～图 8-11 所示。

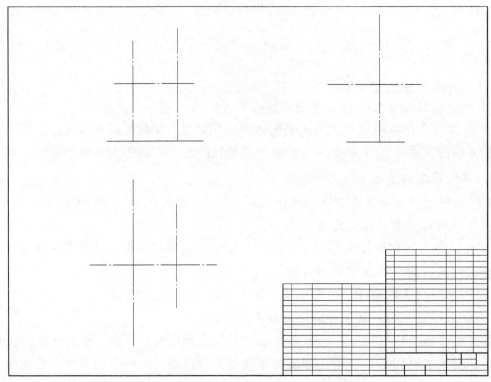

图 8-7　定比例、图幅，画图框、画基准线

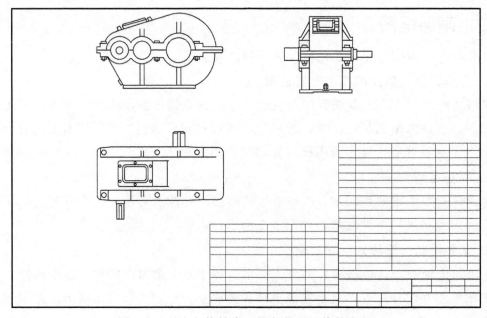

图 8-8　画出主体轮廓，搭起装配干线的支架

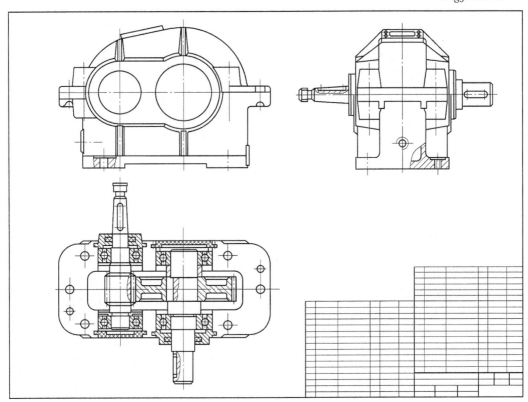

图 8-9 画主要装配干线，完成视图

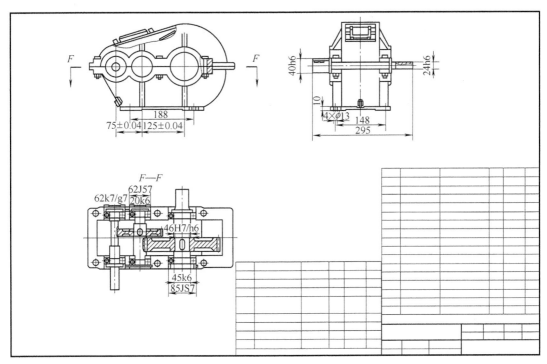

图 8-10 标注尺寸

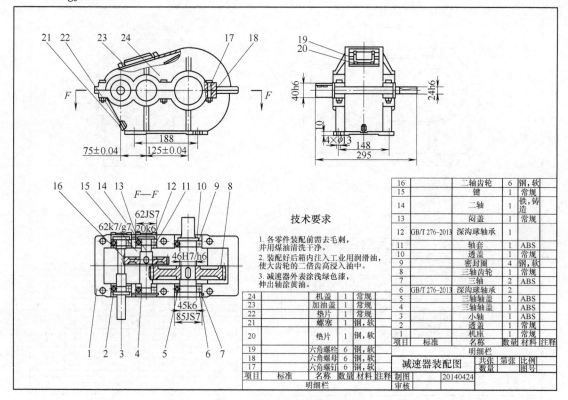

技术要求

1. 各零件装配前需去毛刺，并用煤油清洗干净。
2. 装配好后箱内注入工业用润滑油，使大齿轮的二倍齿高浸入油中。
3. 减速器外表涂浅绿色漆，伸出轴涂黄油。

16		二轴齿轮	6	钢，软
15		键	1	常规
14		二轴	1	铁，铸造
13		闷盖	1	常规
12	GB/T 276-2013	深沟球轴承	1	
11		轴套	1	ABS
10		透盖	1	常规
9		密封圈	4	钢，软
8		三轴齿轮	1	常规
7		三轴	2	ABS
6	GB/T 276-2013	深沟球轴承	1	
5		三轴轴盖	2	ABS
4		三轴轴盖	1	ABS
3		小轴	1	ABS
2		透盖	1	常规
1		机座	1	常规
项目	标准	名称	数量	材料 注释

明细栏

24		机盖	1	常规
23		加油盖	1	常规
22		垫片	1	常规
21		螺塞	1	钢，软
20		垫片	1	钢，软
19		六角螺栓	6	钢，软
18		六角螺母	6	钢，软
17		六角螺钉	6	钢，软
项目	标准	名称	数量	材料 注释

明细栏

减速器装配图		共张 数量	第张	比例 图号
		制图	20140424	
		审核		

图 8-11 二级齿轮减速器

参 考 文 献

[1]　李典灿. 机械图样识读与测绘[M]. 北京：机械工业出版社，2009.

[2]　王家祥，陆玉兵. 机械制图测绘实训[M]. 北京：北京理工大学出版社，2011.

[3]　赵忠玉. 测量与机械零件测绘[M]. 北京：机械工业出版社，2008.

[4]　赵香梅. 机械制图与零件测绘[M]. 北京：机械工业出版社，2010.

[5]　杨文瑜. 机械零件测绘[M]. 北京：中国电力出版社，2008.